葱规模化种植

分 葱

大葱设施栽培

大葱旺盛生长

大葱选种

葱霜霉病（田间症状）

葱紫斑病

葱锈病

白皮蒜头

葱小菌核病

紫皮大蒜

青蒜苗

大蒜高畦栽培

大蒜地膜覆盖平畦栽培

大蒜垄栽

大蒜露地栽培

大蒜规模化种植

大蒜与马铃薯间作

大蒜与果树间作

大蒜白腐病

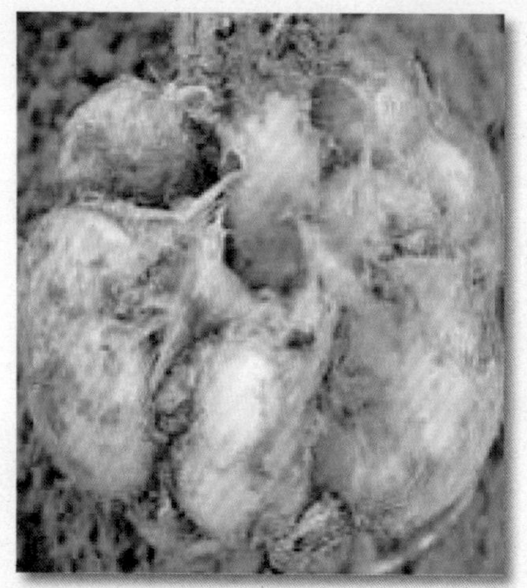

大蒜菌核病

大蒜病毒病

大蒜叶疫病

大蒜锈病

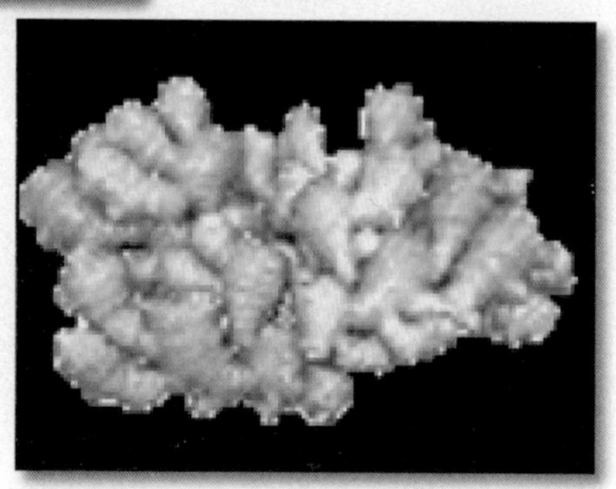

安徽铜陵白姜

黄 姜

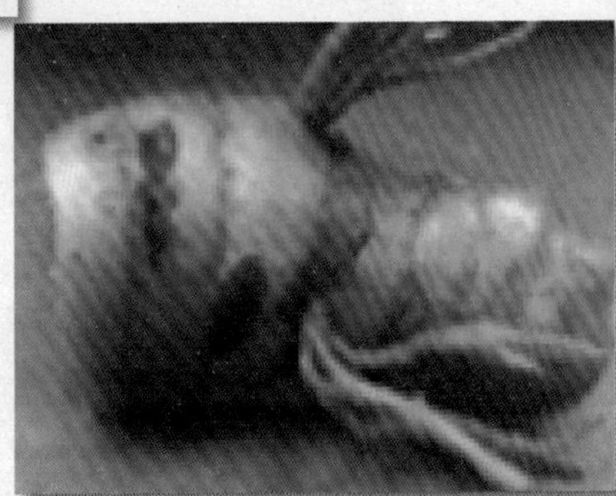
云南红姜

广西柳江大肉姜

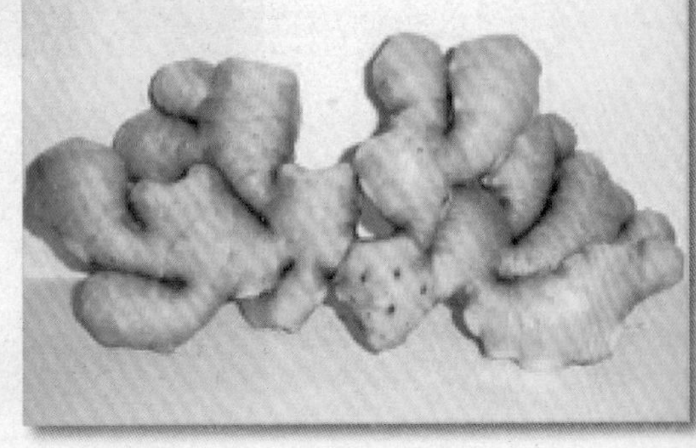
台湾连山大肉姜

山农一号

姜大棚早熟栽培

姜露地栽培

田间生长的姜（姜花）

姜苗封行

软化姜芽

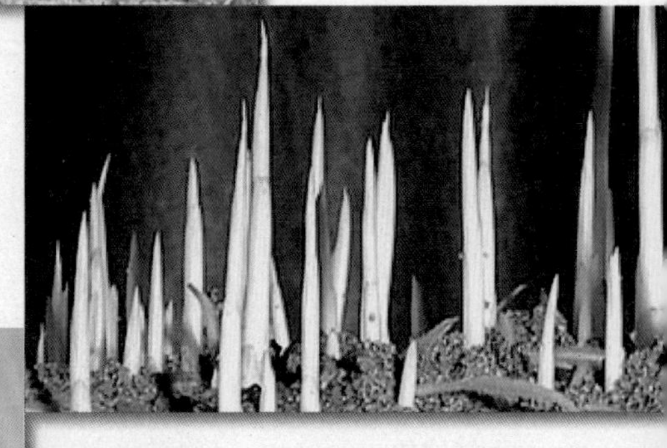

姜腐烂病（姜瘟）

姜瘟病地上部症状

葱姜蒜优质高效栽培技术

主　编
刘海河　张彦萍

编著者
樊建民　赵海增　郭金英
胡瑞兰　谢　彬　张淑敏

金 盾 出 版 社

内 容 提 要

本书由河北农业大学和河北工程大学多位教授、专家根据多年的有关科研成果和总结社会有关生产实践经验编著而成。内容包括概述、葱姜蒜类型及优良品种、葱姜蒜优质高效栽培技术、主要病虫害的诊断与防治、良种繁育与品种提纯复壮等。该书贴近葱姜蒜生产实践,注重科学性,突出先进性、实用性和可操作性,文字通俗易懂,是指导葱姜蒜生产的实用性手册,适合广大菜农、基层农业技术人员阅读,亦可供农业院校有关专业师生阅读参考。

图书在版编目(CIP)数据

葱姜蒜优质高效栽培技术/刘海河,张彦萍主编.— 北京:金盾出版社,2011.11(2019.4 重印)
ISBN 978-7-5082-7197-2

Ⅰ.①葱… Ⅱ.①刘…②张… Ⅲ.①葱—蔬菜园艺②姜—蔬菜园艺③大蒜—蔬菜园艺 Ⅳ.①S63

中国版本图书馆 CIP 数据核字(2011)第 198548 号

金盾出版社出版、总发行
北京太平路 5 号(地铁万寿路站往南)
邮政编码:100036 电话:68214039 83219215
传真:68276683 网址:www.jdcbs.cn
北京印刷一厂印刷、装订
各地新华书店经销
开本:850×1168 1/32 印张:6.625 彩页:8 字数:152 千字
2019 年 4 月第 1 版第 6 次印刷
印数:24 001～27 000 册 定价:19.00 元

目　录

目　录

第一章 概 述

葱姜蒜均是集调味品、加工食品原料、药用蔬菜于一体的多用途蔬菜作物,在国内外市场上具有广阔的发展前景。

一、葱的营养价值、生产现状及发展前景

大葱起源于亚洲西部和我国西北高原。大葱在我国栽培历史悠久,栽培范围广泛,尤以淮河流域、秦岭以北的中原和北方地区栽培最为普遍,早已成为周年均衡供应的香辛叶菜类和北方的特产蔬菜。

(一)营养价值

葱无论在胡萝卜素含量或是维生素含量方面都比较丰富,算是一种高营养的蔬菜。葱的主要营养成分是蛋白质、碳水化合物、粗纤维以及磷、铁、镁、硒等矿物质,还含有维生素 A、维生素 B_1、维生素 C 及钙、叶绿素、类胡萝卜素等。每 100 克大葱营养成分含量见表 1-1。

表 1-1 大葱营养成分含量 (100 克鲜葱含营养成分)

成分名称	含 量	成分名称	含 量	成分名称	含 量
可食部(%)	82	水分(克)	90	能量(千卡)	37
能量(千焦)	126	蛋白质(克)	17	脂肪(克)	0.3
碳水化合物(克)	6.5	膳食纤维(克)	1.3	胆固醇(毫克)	0
灰分(克)	0	维生素 A(毫克)	10	胡萝卜素(毫克)	60
维生素(毫克)	0	硫胺素(微克)	0.03	核黄素(毫克)	0.05

续表 1-1

成分名称	含　量	成分名称	含　量	成分名称	含　量
烟酸(毫克)	0.5	维生素 C(毫克)	14	维生素 E(毫克)	0.3
钙(毫克)	29	磷(毫克)	38	钾(毫克)	44
钠(毫克)	4.8	镁(毫克)	19	铁(毫克)	0.7
锌(毫克)	0.4	硒(微克)	0.67	铜(毫克)	0.08

(二)生产现状与发展前景

大葱在我国以北方栽培更为普遍,形成了许多名特产区。如山东省的章丘、历城,河北省的赵县、隆尧,辽宁省的盖州、朝阳市,陕西省的华县,吉林省的公主岭市等。大葱抗寒耐热,适应性强,高产耐贮,可周年均衡供应。春、夏、秋供应青葱,冬季主要食用贮藏的“干葱”,也可采用设施栽培生产鲜葱。

1. 大葱生产中的突出问题 我国大葱生产规模大、单产水平高,出口量占世界大葱出口总量的份额大。但是,还存在着许多困难与问题,突出表现在:品种类型单一,缺少适销对路的出口品种;栽培茬口单一,周年栽培管理技术落后;栽培管理措施粗放、标准化安全栽培水平不高等。

(1)品种单一,缺少适销对路的出口品种 目前,山东省大葱生产仍以适合鲜食的地方优良品种为主,其他品种很少,品种类型较单一,出口大葱品种主要依赖国外进口种子。

(2)栽培茬口单一,周年栽培管理技术落后 我国北方大葱生产,以秋播、夏栽、秋末冬初收获、冬贮冬供栽培茬口为主,其他栽培茬口较少,周年栽培与供应水平偏低。一是缺少适合不同季节栽培的专用品种;二是利用各种保护设施进行周年栽培的技术水平落后。

(3)大葱栽培管理粗放,标准化安全栽培水平不高 我国大葱生产，仍以传统的栽培管理方式为主，标准化、安全化生产技术普及率较低，大葱栽培技术标准、大葱安全生产标准等有待进一步制定和完善。大葱标准化、安全化生产体系有待建立。大葱出口基地建设有待进一步加强和提高。开展大葱标准化、安全化栽培技术与生产体系研究，已成为提高大葱产品质量、提高大葱产品市场竞争力的重要内容。

2. 大葱生产的发展方向与重点

(1)加强大葱品种、育种材料的引进和新品种选育工作　优良品种的引进、选育和利用，是增加产量、改善品质、提高产品市场竞争力的基础。在大葱品种引进、新品种选育中，重点是适合国际市场需求的出口品种；适合春夏秋不同季节栽培的耐抽薹、耐寒、耐热、抗病、抗逆性强的品种；适合加工、鲜食、熟食等不同消费要求的系列品种。大葱新品种选育的重点是大葱一代杂种的选育与利用。

(2)大葱标准化、安全化栽培技术与生产体系的制定和完善　制定和完善大葱栽培技术标准、大葱产品标准、大葱无公害、绿色、有机栽培安全标准等，是大葱标准化、安全化生产体系建设的基础。生产体系建设是全过程质量监控和确保产品质量的保证。标准化、安全化生产基地和出口基地建设，是落实大葱标准化、安全化生产的重点。因此，应重点抓标准的制定与完善，抓生产体系和基地建设。

(3)积极开展大葱周年栽培技术研究　在引进和选育适合不同季节栽培大葱新品种的基础上，重点研究大葱春季、夏季和冬季栽培技术，使其形成周年栽培、周年供应的格局，重点是开展大葱保护地栽培技术研究等。

二、大蒜的营养价值、生产现状及发展前景

大蒜，别名蒜、胡蒜，古名葫，为百合科葱属多年生草本植物，起源于欧洲南部和中亚。最早在古埃及、古罗马和古希腊等地中海沿岸国家栽培，开始只是用于预防瘟疫和治病。中国人食用大蒜的年代较晚，西汉张骞出使西域时带入我国，至今已有2 000多年的栽培历史。目前，我国是大蒜种植面积和产量最多的国家，产量约占全球的1/4。大蒜主要以蒜苗、蒜黄、蒜薹、蒜头供食，在人们日常膳食中占有重要地位，是烹饪中不可缺少的调味品之一。大蒜既可调味，又能防病健身，还可用于医药、食品工业等方面，因栽培过程中极少使用化学农药，被人们誉称为“绿色食品”、“天然抗生素”。

(一)营养价值与医疗保健功能

1. 营养价值 据研究，大蒜含有大量的蛋白质、脂肪、碳水化合物、维生素、多种微量元素及含硫化合物等，特别是含有人体中几乎没有的氨基酸即蒜氨酸。另外，大蒜中的微量元素镁、碘、硒、锌、锗含量也很丰富(表1-2)。

表1-2 大蒜营养成分含量 (100克鲜蒜含营养成分)

成　分	蛋白质	碳水化合物	粗纤维	烟　酸	硫胺素	人体必需氨基酸	铁
含　量	4.5克	27.6克	1.1克	0.6毫克	0.04微克	20余种	1.2毫克
成　分	钙	胡萝卜素	维生素C	维生素E	磷	钾	钠
含　量	39毫克	30毫克	7毫克	1.07毫克	117毫克	302毫克	19.6毫克
成　分	镁	锌	硒	铜	锰	锗	核黄素
含　量	21毫克	0.88毫克	3.09微克	0.22毫克	0.29毫克	73.4毫克	0.06毫克

(引自：王从亭，2006)

大蒜含有0.2%的挥发油，内含蒜氨酸。蒜氨酸没有挥发性，也没有臭味，只有在切蒜时蒜氨酸在蒜酶的作用下才分解成有臭味的蒜辣素（大蒜素）。

2. 医疗保健功能

(1)抗菌、消炎　大蒜中所含蒜氨酸和蒜酶，在胃中可生成大蒜素，对沙门氏菌等引起的细菌性痢疾有治疗作用，还能杀死流行性脑脊髓膜炎病毒、流行性感冒病毒、乙型脑炎病毒、肝炎病毒、新型隐球菌、肺炎双球菌、念珠菌、结核杆菌、伤寒杆菌、副伤寒杆菌、阿米巴原虫、阴道滴虫、立克次氏体等多种致病微生物。此外，大蒜在兽医临床和饲料添加剂、防治植物病虫害等方面的应用，显示出广阔的开发前景。

(2)预防心血管疾病　大蒜能降低血液的黏稠度和胆固醇浓度，延缓血管硬化，增加心肌收缩能力，扩张末梢血管，使动脉粥样硬化程度减轻，控制高血压，预防心血管疾病，科学家已经成功地从大蒜中提取能预防高血压、防治缺血性脑血管疾病的药物。

(3)预防糖尿病　据研究，大蒜可减少血液中糖的含量，保护肝功能，提高血液中胰岛素含量，预防糖尿病。

(4)健脑　大蒜能够健脑，这是因为大脑活动中所需的能量由葡萄糖提供，但如果只有葡萄糖而缺少维生素 B_1，葡萄糖就无法变为脑的能量，大蒜本身含有维生素 B_1 虽不多，但它能促进机体对B族维生素的吸收，从而起到保护神经系统和冠状动脉血管的作用，因而能增强维生素 B_1 的作用。若平时多吃大蒜，就可促进葡萄糖变成大脑能量，使大脑更为活跃。此外，大蒜还有刺激脑垂体的作用，可控制一些内分泌的功能，起调节人体脂肪和碳水化合物消化和吸收作用。

(5)防癌、抗癌　大蒜的主要成分是大蒜素，它有强烈的抗菌力。此外，大蒜还含有蛋白脂肪、碳水化合物、钙、磷、铁以及维生素C、维生素 B_1、维生素 B_2 及胡萝卜素。更重要的是大蒜还含有锗，锗具有抗癌作用。大蒜中所含有的锗为754毫克/千克，比任何含锗的植物都高。医学研究表明，每人一天吃10克（约4瓣）鲜蒜，就可能阻断亚硝胺在体内合成，起到防癌作用。

（6）提高机体免疫力，抵御艾滋病　大蒜能激活人体巨噬细胞功能。有动物实验表明，大蒜中的脂溶性挥发油能显著提高巨噬细胞的吞噬功能，有增强免疫系统的作用。

现代医学研究认为，大蒜含有硒元素，而硒则是谷胱甘肽过氧化酶的主要组成成分，其抗氧化能力比维生素E高500倍，对细胞膜有防护作用，参与辅酶A和辅酶Q的合成。同时，大蒜所含的有效成分可增加物质代谢、能量转换和促进血液循环，改善体质，这对于恢复和重建艾滋病患者的免疫系统功能大有裨益。

（7）抗衰老　大蒜中含有蛋白质、脂肪、碳水化合物、维生素及矿物质，具有预防血管老化、免疫力衰退等作用。大蒜提取物的抗氧化作用优于人参，其有效成分可以保护血管内皮细胞免受过氧化氢作用，对延缓衰老有一定作用。

（8）防重金属中毒　大蒜中富含的硒可以降低某些有毒元素及物质的毒性，如抵抗和减低汞、镉、铊、砷等毒性。硒还与免疫性有关。大蒜能治疗人体铅中毒，对镉染毒大鼠有解毒作用，并比某些传统解毒剂更有效。对铅、汞染毒大鼠有解毒作用，对甲基汞染毒小鼠具有一定预防作用。大蒜提取物能够拮抗铅的致死效应，提高铅中毒小鼠的存活率，对慢性铅中毒小鼠能降低组织的含铅量，且大蒜的排铅作用是持续有效地排除机体内蓄积的铅。

（9）其他　大蒜可促进胃液分泌，促进其对维生素B族的吸收，增进食欲；大蒜含有一种能刺激垂体分泌的物质，有助于控制内分泌腺，调节人体对脂肪和碳水化合物的消化吸收，促进机体的代谢活动，防止肥胖发生。国外有研究发现，大蒜能预防放射性物质对人体造成的危害，并能减轻由此带来的不良后果。

(二)我国大蒜产业的现状和特点

1. 种植区域之广、面积之大、产量之高是世界之最 我国大部分地区都能够种植大蒜。据世界粮农组织(FAO)研究,中国种植大蒜面积约 67.67 万公顷,占全球总面积 106.6 万万公顷的 62%,尤以黄淮流域为最多。我国大蒜的主要产地是河北省永年县、大名县北部,江苏省邳州市,河南省杞县、中牟县贺兵马村,山东省莱芜市、金乡县(济宁市)、商河县、苍山县(临沂市)、广饶县(东营市)、茌平县、成武县(菏泽市),江苏省射阳县、太仓市,上海市嘉定,安徽省亳州市、来安县,四川省温江县、彭州市,云南省大理市,陕西省兴平市及新疆等,其中以山东省栽培面积最大,是国内销售和出口的主要产地。

我国大蒜单产每 667 平方米为 1.14 吨,仅次于美国的 1.23 吨,比世界其他国家平均单产高出一倍多。我国大蒜总产量超过 1 000 万吨,占全球总产量 70%。

2. 在国际市场上具有较强的竞争力 我国大蒜在国际市场竞争中有着较强的优势。一是种植成本低。大蒜是劳动密集型栽培作物,从种植到加工用工量大,我国的劳动力相对其他国家便宜得多,这就决定了我国大蒜生产成本大大低于其他国家。二是个大、瓣多、口感好、加工精细,适合各个国家消费。三是上市早。我国大蒜生产纬度大,自云南从南到北于 4 月份开始陆续上市,比其他国家早一至几个月。中国大蒜能够及早占领国际市场,并引领世界大蒜市场价格,"世界大蒜看中国"成为现实。

3. 出口规模快速增长 我国加入世界贸易组织后,农产品的出口大幅增长,特别是大蒜更为突出,2006 年大蒜的出口首度超过玉米,成为我国农产品第一大出口品种。

4. 贮藏和蒜制品加工形成规模 大蒜是季节性生产、常年销售的商品,自然贮存时间短。大蒜贮藏业和加工业的发展,为大蒜业的发展提供了必要条件。产区冷藏规模进一步扩大,仅山东省金乡及周边地区冷藏能力就超过 100 万吨,全国可用于贮藏大蒜的库容超过 200 万吨,基本能满足现阶段大蒜出口和国内市场贮存的需要。

(三)我国大蒜产业的发展前景

大蒜适应性较强,我国南北方均可栽培,并有许多大蒜名特产区,如黑龙江省的阿城、宁安,吉林省的农安、和龙,辽宁省的开原、海城,河北省的永年、安国,山东省的苍山、嘉祥、安丘、金乡,陕西省的岐山,甘肃省的泾川,西藏的拉萨等。大蒜的品种繁多,各地都有很多地方品种、农家品种和新选育定名的品种,诸如嘉祥大蒜,苍山高脚蒜、苍山糙蒜、苍山蒲棵蒜,太仓白蒜,天津六瓣红、柿子红,内蒙古紫皮蒜、二红皮蒜,阿城大蒜,开原大蒜,拉萨白皮大蒜和黑龙江省的宁蒜 1 号等。大蒜的食用部分有蒜薹、蒜头和蒜苗。大蒜产品富含维生素、碳水化合物和矿物质,不但食用价值高,而且具有一定的医疗保健作用,被称为药用植物。大蒜休眠期较长,耐贮耐运,适于加工,可调节淡季,能周年供应,满足市场需求。同时,大蒜产品还是很好的出口商品,可以大量出口创汇。因此,发展大蒜生产前景广阔。

三、姜的营养价值、生产现状及发展前景

生姜,别名姜、黄姜,属姜科姜属多年生草本植物。生姜在我国多作一年生作物栽培。生姜原产于印度、马来西亚热带多雨森林地区,我国自古栽培,周年食用。

(一)营养价值与医疗保健功能

1. 食用与营养价值 生姜以肥大的肉质根茎供食用,最明显

的特征是具有特殊的香味和辣味，具有刺激味蕾、增强食欲、兴奋胃肠平滑肌和呼吸中枢、促进消化液分泌、兴奋大脑皮质和神经中枢、增进血液循环、促进新陈代谢等功能，广泛应用于烹调和食品的加工，是人们日常生活中不可缺少的重要调味品之一。在肉类烹调中，加入生姜或其制品，对肉类有增味、嫩化、去腥、增鲜、添香、护色、清口等作用。生姜除了含有姜油酮、姜烯酚、姜醇、桉油精等特殊成分和生理活性物质外，还含有糖、脂肪、蛋白质、多苷、纤维素、胡萝卜素、维生素 A、维生素 C、硫胺素、核黄素、烟酸及多种微量元素，集营养 、调味、保健于一身。

2. 医疗保健功能 在医学上生姜又是一种重要的中药材 ，它是卫生部首批公布的药食兼用资源之一。生姜自古就被医学家视为药食同源的中药材，始载于《神农本草经 》，列为中品 ，谓 ："味辛温，主治胸满咳逆上气 。温中止血 、出汗 、逐风 、湿痹 、肠澼、下痢，生者久服去臭气 ，生山谷"。对生姜的药理研究表明，姜具有抗过敏、抗肿瘤、降胆固醇等功效。现代医学研究证实，生姜具有抗氧化、保肝利胆、健胃止吐 、促进血液循环、调节中枢神经、消炎 、抗菌、杀虫等作用，其主要功效成分是挥发油和辛辣成分 。现代科学研究发现，生姜含有的挥发油和姜辣素是对人体有益的主要功效成分。动物实验与临床研究表明，生姜及其提取物具有重要的生理功能：一是生姜或姜油对胃黏膜具有明显的保护作用；二是生姜对自由基有清除作用和抗氧化作用；三是生姜提取物具有明显的消炎性能；四是生姜提取物具有抗风湿功能；五是生姜提取物对防治运动病有显著疗效。

（二）生产现状

从世界的栽培情况看，生姜栽培以亚洲和非洲为主，而欧美栽培极少，尤其以亚洲的中国、印度、马来西亚、菲律宾为多。

生姜作为我国重要的特产蔬菜之一，在我国栽培早、分布广，目前已形成许多名产区。除东北、西北的高寒地区外，其余地区均有种植。从全国的栽培情况看，以长江以南为多，如广东、江西、浙江、安徽、四川、湖南、湖北等省，长江以北则以山东、河南、陕西等省栽培较多。

目前，妨碍生姜高效高产的主要问题有：种性退化，品种有待改良；费工费时，劳动力成本高；有机肥施用不足，影响产量和品质；加工发展滞后，存在销售风险；产业化程度不高，市场风险大；农产品质量监督检验欠缺，产品档次难以提高。

（三）发展前景

中国是生姜生产和消费大国，近年来生姜消费呈上升趋势，国内销售市场以西南片区、西北片区为主，辐射湖南、湖北及沿海等地，国外市场可出口东南亚、东欧、韩国、日本等，市场前景广阔。

在出口形式上，新肉姜多用于速冻或制成脱水姜片外销，老肉姜多用于保鲜后直接外销，也有少量制成姜粉或姜油外销。目前，我国已经形成具有特色的生姜产业，在国际上占有非常重要的地位，产品出口量居世界第一。

第二章　葱、姜、蒜类型及优良品种

一、葱的类型及优良品种

(一)葱的类型

葱属中包括大葱、分葱、胡葱、香葱及其变种。其中,我国北方以大葱栽培为主,在南方则以分葱和香葱栽培较多。

1. 普通大葱　普通大葱是我国栽培最多的一种。其植株高大,抽薹前不分蘖,抽薹后只在花薹基部发生 1 个侧芽,种子成熟后长出 1 个新植株。个别植株可分为 2 个单株,但收获时仍有外层叶鞘包在一起。按葱白长度可分为以下 2 种类型。

(1)长葱白类型　该类型大葱植株高大,直立性强。相邻叶身基部间距较大,一般相隔 2~3 厘米。假茎长,粗度均匀,呈圆柱形。葱白指数(葱白的长度与粗度之比值)在 10 以上。质嫩味甜,生熟食均可。产量较高,但要求有较好的栽培条件。如山东省章丘大葱、高脚白,陕西省华县谷葱、五叶齐,辽宁省盖州大葱、鳞棒葱等。

(2)短葱白类型　该类型植株稍矮,叶片排列紧凑,相邻叶身基部间距小,管状叶粗短,密集排列成扇形。葱白粗短,上下粗度较均匀,葱白指数在 10 以下。这类品种生长健壮、抗风力强,宜密植创高产。多数品种葱白较紧实,辣味浓,耐贮藏,如山东省鸡腿葱、河北省对叶葱等。

2. 分蘖大葱　该类葱在营养生长期间,每当植株长出 5~8 片叶时,就发生1次分株,由1株长成大小相似的2～3株。如果营养和生长时间充裕,则1年可分蘖2～3次,最终形成6～10个分株。分蘖大葱的单株大小和重量因品种不同而差异较大。分株间隔时间短的品种,植株较小。假茎直径一般为1～1.5厘米,长约20厘米,叶比普通大葱小而嫩。分蘖大葱主要用种子繁殖。抽薹开花结实习性与普通大葱相同。

3. 香葱 香葱植株形状与大葱、分葱相似,但植株细小,葱香味浓烈,主要用于调味。

(二)葱的优良品种

1. 优良大葱品种

(1)章丘大葱 山东省章丘市农家品种。株高120厘米左右,葱白长50～60厘米;直径3～5厘米,单株重0.5～1千克。质嫩味甜,生熟食俱佳,不易抽薹和分蘖。章丘大葱主要有以下两个品系。

①梧桐葱 管状叶细长,叶色较深,叶肉较薄;叶直立或斜伸,不聚生,叶间拔节较长,排列稀疏,植株高大,抗风力弱。葱白细长,直圆柱形,基部不明显膨大,外观整齐。组织充实,质地细致,纤维少,含水量多,味甘美、脆嫩。生长期为270～350天,耐贮运,适宜于密植,每667平方米产量2 600～4 000千克。

②气煞风 管状叶粗短,叶色深绿,叶肉厚韧;叶身短而宽,叶面有较多蜡粉,叶聚生,抗风能力强。葱白短粗,基部略有膨大,略有辛辣味,生熟食均可,品质上乘。晚熟品种,生长期为270～350天。较抗紫斑病,为冬季贮藏的优良品种。每667平方米产量3 000～4 000千克。

(2)大梧桐29系 山东省章丘市农业局对大梧桐进行系选复壮后选出的新品系。植株高130～150厘米,生长期间具功能叶5～7片,叶尖向上或斜生,叶肉厚韧,叶面上蜡粉厚。葱白长55～

70 厘米，直径约 4 厘米，圆柱形，基部不膨大。葱白色洁白、质地光滑、脆嫩多汁、纤维少，品质极佳。适应性广，适宜在全国各地栽培。植株直立，不分蘖，生长势强。抗寒，抗风，耐高温。较耐紫斑病、霜霉病和菌核病。每 667 平方米产量 5 000 千克。

(3)中华巨葱　由山东省曹县多种经营办公室和中国农业大学教授刘舟卿合作繁育成功的一代高产大葱品种。本品种株型高大，高产地块一般株高 160～180 厘米，葱白长 80 厘米左右，茎粗 5 厘米，高产地块单株鲜重 800～1 200 克。整齐度好，抗逆性强，抗病，抗寒，不倒叶，白实，适应性强，特别适于高寒地带生长，表现性能极为显著。

(4)掖选 1 号　山东省莱州市蔬菜研究所以“章丘五叶”大葱为材料，通过辐射诱变和多代系选培育而成。植株高大挺直，株高 130～160 厘米，单株重约 900 克。葱白长约 70 厘米，直径约 4 厘米。叶色绿，叶片上冲，叶鞘集中，叶肉厚。葱白质地细嫩，辣味适中。适应性广，可在华东、黄河及长江流域种植。抗风，抗病性较强。每 667 平方米产量 6 000 千克左右。

(5)高脚白　天津市农作物品种审定委员会审定的地方品种。株高 75～90 厘米，葱白长 35～40 厘米，直径 3 厘米，上下粗度相仿。成株有绿色管状叶 8～10 片，单株重 0.3～0.5 千克。耐寒，耐旱，耐热，不耐涝。较抗病虫。耐贮藏。葱白质地细嫩，味甜，略有辛辣味，品质佳，生熟食均可。中熟品种，每 667 平方米产量可达 5 000 千克。

(6)毕克齐大葱　内蒙古自治区呼和浩特市地方农家品种。株高 95～115 厘米，葱白长 29～39 厘米，直径 2.2～2.9 厘米。植株生长期间具 9～11 片叶，单株重约 150 克。小葱秧的葱白基部有 1 个小红点，随着葱的成长而扩大，裹在葱白外皮，形成红紫色条纹或棕红色外皮。生长期 100 天左右。抗寒、抗旱和抗病力强，但易受地蛆为害。葱白质地紧密，细嫩，辛辣味浓，品质上乘。每

667平方米产量2 000～3 500千克。

(7)凌源鳞棒葱　辽宁省朝阳市凌源县的地方品种。株高110～130厘米，葱白长45～55厘米，直径3厘米左右。单株重250～500克，最大可达1 000克以上，干葱率达50%～60%。叶片明显交错互生，叶色浓绿，生长势强。葱白质地充实，纵切后各层鳞片容易散开，味甜微辣，香味浓。抗逆性强，耐贮运。每667平方米产量1 750千克。

(8)五叶齐　天津市宝坻区地方农家品种。株高120～150厘米，葱白长35～45厘米，直径3～4厘米，单株重500～1 000克。葱白质地肥嫩，味微甜，生熟食均可。生长期间保持5片绿叶，叶片上冲，不分蘖，属中晚熟品种。耐寒，耐热，耐旱，耐涝。耐贮藏。抗病性较强。每667平方米产量4 000千克。

(9)海阳葱　河北省抚宁县农家品种。株高75～80厘米，葱白直径3～3.6厘米，单株重350～400克。叶片开展度大，分蘖力强，植株生长势强，抗寒抗病性强。味辛辣，纤维少，品质佳，每667平方米产量一般为2 500～3 000千克。

(10)三叶齐　辽宁省营口市蔬菜研究所利用地方品种系统选育而成。株高120～140厘米，葱白长60～70厘米，直径2～2.6厘米，地下假茎有鲜艳的紫膜。生长期间保持3～4片绿叶，叶色深绿，叶形细长，开张度小，叶表面多蜡质。植株不分蘖。葱白质地细嫩，辣味适中。叶壁较厚，叶鞘抱合紧，不易倒伏，对紫斑病抗性较强。每667平方米产量3 000千克。

(11)河北巨葱　中国农业大学与河北省故城县巨葱研究中心联合培育的大葱新品种。该品种植株高大，一般株高150～170厘米，假茎粗长，单株重0.35～1.2千克；味道鲜美，做菜香浓，并具有抗病虫害、生长快等优点。每667平方米产量可达7 000千克以上。适于全国各种气候、各种土壤栽培。

(12)陕西华县谷葱　又叫赤水孤葱，为陕西省华县农家品种。

植株高大,直立生长,株高 90～100 厘米。叶色深绿,叶身表面蜡层较薄。葱白长 50～60 厘米,无分蘖,直径 2.5 厘米,单株重 300～500 克。味甜、脆嫩,品质佳。中晚熟。耐寒,耐旱,耐盐碱。每 667 平方米产量 2 500～3 500 千克。

(13)盖州大葱　又称高脖葱,为辽宁省盖州市农家品种。株高 100 厘米左右,单株重约 500 克。植株直立,不易抽薹,不分蘖,叶细长,色深绿。葱白长约 50 厘米,直径 3～4 厘米。质地柔嫩,味甜,每 667 平方米产量 2 000～3 000 千克。

(14)安宁大葱　云南省昆明市安宁大葱栽培历史悠久。葱白长 25～30 厘米,直径 2～3 厘米,单株重 100～300 克。抗逆性强。春、秋两季均可栽培。春季播种,在 6～7 月份定植,元旦上市,每 667 平方米产量 5 000 千克;秋季播种,翌年 3～4 月定植,国庆节前后上市。每 667 平方米产量 6 000 千克。

(15)临泉大葱　安徽省临泉县农家品种,俗称大白皮。株高约 110 厘米,葱白长约 40 厘米,直径 1～3 厘米。管状叶较粗,浓绿色,分蘖力中等,一般有 4 个分蘖。葱白肥嫩、洁白,味香甜辣,品质佳。耐寒,耐热,耐旱,耐涝。抗病性较强。冬季管状叶不枯萎,越冷越绿越肥大。一般在夏季播种,生长期约 210 天,每 667 平方米产量 3 000～4 000 千克。

(16)哈大葱 1 号　黑龙江省哈尔滨市农业科学研究所育成。株高 100～105 厘米。单株重 400 克。叶色深绿。葱白长 35～40 厘米,直径 3.2～3.4 厘米,辛辣味浓。不分蘖。耐贮藏。适宜于黑龙江省各地春播育苗,夏栽秋收。每 667 平方米产量 4 000 千克。

(17)辽葱 1 号　辽宁省农业科学院园艺研究所以冬灵白葱为母本,以三叶齐葱为父本,经人工杂交育成。株高 110 厘米,最高可达 150 厘米,葱白长 45 厘米左右,直径 3～4 厘米。叶肉厚,叶片表面蜡粉多,叶身浓绿色,叶片上冲。生长期间有 4～6 片常绿功能叶，植株不分蘖。平均单株鲜重 250 克，最大单株鲜重可达 750 克左右，干葱率达 70%。抗寒，抗风，耐热。耐贮藏。抗病性强。质地细嫩，甜辣适中，口感较好。每 667 平方米产量 4 000 千克。

(18)鸡腿葱　天津市地方品种。植株矮而粗壮，株高 60 厘米左右，开展度 20 厘米，葱白长 26～30 厘米，直径 4.5 厘米。基部膨大，向上渐细，且稍稍弯曲，形似鸡腿。成株有绿色管状叶 8～9 片，单株重 50～150 克。葱白肉质细密、辛辣味浓，品质佳。耐寒，耐热，稍耐旱，不耐涝。抗病虫能力强。产量不高，每 667 平方米产量 2 000 千克。

(19)寿光鸡腿葱　山东省寿光市地方品种。植株短而粗壮，株高 90～100 厘米。单株重 250～750 克，最大的可达 1 000 克。叶短粗管状，稍弯，叶深绿色，叶肉肥厚，叶面覆盖蜡粉，叶尖较钝，叶排列紧密，生长期间具 5～6 片功能叶，葱白长 25～30 厘米，基部直径 3.3～6.5 厘米。假茎基部较粗大，略弯曲，形似鸡腿。葱白洁白色，质地细密紧实，辛辣味浓，品质佳，宜熟食和做馅。耐寒性强。每 667 平方米产量 5 000 千克。

(20)张门大葱　河南省新乡市名特产品之一。株高 80～100 厘米，葱白直径 1.5～2.5 厘米，长 25～35 厘米，其形界于长葱白和短葱白之间，属于鸡腿葱。叶片直立绿色，功能叶 7～9 片，叶尖较钝，具有蜡粉层，开展度 20 厘米左右。根系发达，主要根群分布在 5～30 厘米的土层当中。单株重 0.3～0.5 千克，辣味较浓，耐贮运。一般 667 平方米产量 3 500～4 000 千克。

(21)夏黑 2 号甜葱　从日本引进的品种。株高 1 米左右，管状叶深绿，表面有蜡粉。葱白长 45 厘米，洁白，粗细均匀，抱合紧密，品质好，葱白的干物质和碳水化合物含量高。抗逆性强，耐旱，耐寒，较耐热。适合微冻保鲜出口，不易腐烂。是主要的出口创汇品种。

(22)长宝 日本品种,适宜保鲜出口和速冻葱花加工用。耐热性、耐寒性极强,高温季节同样生育旺盛,适宜夏秋至秋冬收获的大葱品种。根系发达,生长势旺盛,抗锈病和霜霉病。在冬季低温下,不会发生叶片褪绿、黄化现象。叶鞘部坚实,有光泽,葱白长40 厘米以上,整齐度好。叶片稍短、浓绿,不易折叶。

(23)元藏 日本品种,是加工出口的理想品种。葱白紧实,葱白长 40 厘米左右,肉质细脆,品质极佳,商品性好。管叶浓绿色,坚挺,耐热耐寒,抗病性强。生长速度快,上市早,产量高。

2. 优良分葱品种

(1)安徽河口葱 河口葱是安徽省霍邱县河口镇一带的特产品种。株型较大,高 55～60 厘米,葱白 27～30 厘米。它既不同于葱白多、叶子少的北方大葱,也不同于葱白少而叶片多的南方分葱,该品种的葱白和葱叶几乎各占一半。叶粗管状,浓绿色,葱白脆嫩,汁液浓香,辣味适中而鲜甜,品质优,产量高。耐旱性强,分蘖力强,春、夏、秋季均可进行分株繁殖。

(2)火葱(胡葱) 植株直立,株高 40～50 厘米,开展度 40 厘米左右。分蘖力强,每一鳞茎分蘖多时达 10 余株,开花期也能分蘖,开花后不结种子,以分株繁殖。生长期为 70～140 天。叶色深绿,叶片形状与大葱相似,但比大葱短而细。

(3)韭葱 植株直立,叶簇紧,植株高 35～45 厘米,假茎直径1.2～1.5 厘米。叶深绿色,中空,叶尖,有光泽。叶长 12～15 厘米,叶宽约 1 厘米。假茎白色,小鳞茎较大。分蘖力强,鳞茎分为多瓣而基部相连,外皮赤褐色;瓣的外形圆,内侧凹,每株可分蘖4～5 株。分株繁殖,耐热、耐旱性强,生长期为 50～100 天。品质中等,适做鲜菜或调味品。栽培时需肥量大,每 667 平方米产量可达 1 700～2 000 千克。

3. 香葱优良品种

(1)香葱 植株直立,丛生,株高 45～50 厘米,开展度约 28 厘米，葱白长4～6厘米，直径约1.2厘米，单株重4～5克。叶片深绿色，管状中空，先端尖，叶面覆盖蜡粉。叶鞘微黄色，扁圆形，管状，鳞皮白色透明。分蘖力强，耐寒，不耐热，适应性广。生长快，开花不结实，生长期50～60天。香味浓。每667平方米产1 500～2 000千克。一般春、秋季栽培。

(2)米葱　植株直立，株高35～40厘米，葱白淡绿色，长约30厘米，直径0.9～1厘米。叶深绿色，叶表面有蜡粉。鳞茎细小，白色，纺锤形。耐热，耐寒，耐肥喜湿。分蘖力强，平均每个鳞茎分蘖5～7个。质地细嫩，香味浓，生长期约80天，每667平方米产2 500～4 000千克。

(3)四季葱　植株直立，丛生，株高35～40厘米，开展度约18厘米。假茎白色，圆柱形，长约8厘米，直径约0.6厘米，单株重3～4克。叶绿色，蜡粉较少。分蘖力强，生长快。耐寒，不耐热，适应性广。除盛夏外，其余时间均可种植。开花不结实，香味浓。每667平方米产1 000～1 600千克。

(4)蒜瓣葱　株高约45厘米，开展度约20厘米。假茎绿白，长5～6厘米，直径约0.8厘米。初夏形成小鳞茎，全株小鳞茎聚合成百合状。小鳞茎如蒜瓣，长约3.5厘米，直径约1.5厘米，皮紫褐色，鳞片白色。葱叶深绿色，扁圆形中空，有蜡粉。分株繁殖，分蘖能力强，不开花。生长期为40天左右。香味浓，品质中等。鳞茎宜调味或盐渍食用。

二、姜的类型及优良品种

(一)姜的类型

按照生姜的根茎和植株用途可分为食用药用型、食用加工型和观赏型三种类型。根据生姜植物学特征及生长习性，分为疏苗肉姜和密苗片姜两类。

1. 疏苗型 植株高大,茎秆粗壮,分枝少,叶深绿色,根茎节少而稀,姜块肥大,多单层排列,其代表品种如山东莱芜大姜、广东疏轮大肉姜、安丘大姜、藤叶大姜等。

2. 密苗型 生长中等,分枝多,叶色绿,根茎节多而密,姜块多数两层或多层排列,其代表品种有山东莱芜片姜、广东密轮细肉姜等。

我国生姜一般都采用无性繁殖,常以地名或姜块、姜芽颜色命名,主要优良品种有莱芜片姜、红爪姜、黄爪姜、白姜等。如以地名或根茎及姜芽的形状和色泽命名,有南姜、北姜之分。

(二)姜的优良品种

1. 红爪姜 浙江省嘉兴市地方品种,浙江省栽培面积最大,江苏、上海市郊县、江西等地也有一定的栽培面积。因分枝基部呈浅紫红色,外形肥大如爪而得名。又名大莲姜。植株生长势强,株高70～80厘米,叶深绿色,叶面光滑无毛,互生。分枝数多,地上茎可达22～26个,根茎耙齿状,姜块肥大,外皮淡黄色,肉色蜡黄,茎秆基部鳞片呈淡红色,故名红爪姜。嫩姜纤维含量少,质脆嫩,可腌渍或糖渍,老姜可制作调料,辛辣味浓厚,品质优良。该品种适应性强,比较耐干旱,也较抗病,单株根茎重量一般为400～500克,最大可达1000克,平均667平方米产1200～1500千克,高产田能达到2000千克以上。

2. 黄爪姜 浙江省临安市一带农家品种。植株较矮,芽不带红色,姜块节间短而密,皮淡黄色,肉质微密,辛辣味浓。单株根茎重250克左右。

3. 安徽铜陵白姜 安徽铜陵市地方品种,栽培历史已有600余年,早在明清初期就远销东南亚诸国。植株生长势强,株高70～90厘米,高的达1米以上。叶窄披针形,深绿色,姜块肥大,鲜姜呈乳白色至淡黄色，嫩芽粉红色，外形美观，纤维少，肉质细嫩，辛香味浓，辣味适中，品质优。单株根茎重300～500克，每667平方米产量鲜重1 500～2 000千克。

4. 广州肉姜 广东省广州市郊农家品种，在当地栽培历史悠久，分布较广，在广东省普遍有栽培，多实行间作套种。除供应国内市场外，大量出口供应国际市场。加工的糖姜是广东的出口特产之一。当地栽培主要有以下两个品种。

(1)疏轮大肉姜　又称单排大肉姜。植株较高大，一般株高70～80厘米，叶披针形，深绿色，分枝较少，茎粗1.2～1.5厘米；根茎肥大，皮淡黄色而较细，肉黄白色，嫩芽为粉红色；姜球成单层排列，纤维较少，质地细嫩，品质优良，产量较高，但抗病性稍差。一般单株根茎重1 000～2 000克，间作每667平方米产1 000～1 500千克。

(2)密轮细肉姜　又称双排肉姜。株高60～80厘米，叶披针形，青绿色，分枝力强，分枝较多，姜球较少，成双层排列。根茎皮、肉皆为淡黄色，肉质致密，纤维较多，辛辣味稍浓。抗旱和抗病力较强，忌土壤过湿，一般单株重700～1500克，间作每667平方米产800～1 000千克。

5. 山东莱芜大姜 山东莱芜市地方品种，已有100余年的种植历史，为山东名产蔬菜之一，也是我国生姜主要出口品种。当地栽培主要有以下两个品种。

(1)莱芜片姜　生长势较强，一般株高70～80厘米，叶披针形，叶色翠绿，分枝性强，每株具10～15个分枝，多的可达20个以上，属密苗类型。根茎黄皮黄肉、姜球数较多，且排列紧密，节间较短。姜球上部鳞片呈淡红色，根茎肉质细嫩，辛香味浓，品质优良，耐贮耐运。一般单株根茎重300～400克，大的可达1 000克左右。一般每667平方米产1 500～2 000千克，产量高的可达3 000～3 500千克。

(2)**莱芜大姜** 植株高大,生长势强,一般株高75～90厘米。叶片大而肥厚,叶色深绿茎秆粗壮,分枝数较少,每株为6～10个分枝,多的达12个分枝以上,属疏苗类型。根茎姜球数较少,但姜球肥大,节小而稀,外形美观,产量比片姜稍高一些,出口销路好,颇受群众欢迎,种植面积不断有所扩大。

6. 鲁姜一号 系莱芜市农业科学院利用^{60}Co-γ射线辐照处理莱芜大姜后培育出的优质、高产大姜新品种,姜苗粗壮,生长势旺盛。在相同栽培条件下,该品种地上茎分枝数10～15个,略少于莱芜大姜,平均株高110厘米左右,叶片开展、宽大,叶色浓绿。该品种叶片平展、开张,叶色浓绿,上部叶片集中,光合有效面积大,根系稀少、粗壮。姜块大且以单片为主,姜块肥大丰满,姜丝少,肉细而脆,辛辣味适中,商品性状好,市场竞争力强。平均单株姜块重1千克,每667平方米产4 552～5 302千克,比莱芜大姜增产20%以上。该品种地下肉质根较莱芜大姜数量少,但根系粗壮,吸收能力强。

7. 福建红芽姜 分布于福建、湖南等省。植株生长势强,分枝数多。根茎皮淡黄色,芽淡红色,根茎肉色蜡黄,纤维少,风味品质佳。单株根茎重可达500克左右。

8. 湖北枣阳生姜 姜块鲜黄色,辛辣味较浓,品质良好。单株根茎重可达500克左右,一般每667平方米产2 500～3 000千克。

9. 四川竹根姜 四川省地方品种。株高70厘米左右,叶色绿。根茎为不规则掌状,嫩姜表皮鳞芽紫红色,老姜表皮浅黄色,肉质脆嫩,纤维少。一般单株根茎重250～500克,每667平方米产2 500千克左右。

10. 柳江大肉姜 大肉姜主要分布在广西柳江县土博乡和柳城县龙美、冲脉、大埔等地,栽培历史悠久,面积达267公顷以上,年产量达600万～800万千克。大肉姜适于3月份清明前后种植,8月中旬至12月根据食用及加工的不同要求可陆续采收。姜芽紫红色,姜表皮黄色,鳞茎稀疏,肉黄白色,单株重1～2千克,最重2.5千克。生长期180～270天,喜高温,忌寒冷,畏强烈光照,喜阴凉湿润环境。姜分蘖力强,一般分生16～20条,肉质肥嫩,具特殊香辣味,是佳肴不可少的调味品,较耐贮藏,适宜作姜干、姜粉、姜汁、姜酒、糖渍及酱渍等多种食品加工,有健胃祛寒和发汗功效。

11. 玉林圆肉姜　广西地方品种,广西各地均有种植,以玉林市栽培较多。植株较矮,一般株高50～60厘米,分枝较多,茎粗约1厘米,叶青绿色,根茎皮淡黄色,肉黄白色,芽紫红色,肉质细嫩,辛香味浓,辣味较淡,品质佳,较早熟,不耐湿,较抗旱。抗病能力较强,耐贮运。单株重一般为500～800克,最重可达2千克。

12. 来凤生姜　湖北省来凤县地方品种,又称凤头姜。植株生长势强,植株较矮,株高50～70厘米,高者可达90厘米以上。叶深绿色,叶披针形,根茎肥大,鲜姜外皮光滑,呈现黄白色至淡黄色,嫩芽粉红色,比较粗壮。姜块呈手掌状形态,块大皮薄,纤维含量少,肉质脆嫩,汁多渣少,具有清纯的芳香气,辛辣味浓厚,品质良好。适宜鲜食、腌渍、糖渍、加工等多种用途。一般单株根茎重量为400～550克,每667平方米产1 500千克左右,最高可达2 300千克以上。该品种耐贮性较差,抗病性中等。

13. 江西兴国生姜　江西兴国县九山生姜是江西名特蔬菜之一,为兴国县留龙九山村古老农家品种。现全县均有种植。株高一般为70～90厘米,分枝较多,茎秆基部稍带紫色并具特殊香味,叶披针形、绿色。根茎肥大,姜球呈双行排列,皮浅黄色,肉黄白色,嫩芽淡紫红色,纤维少,质地脆嫩,辛辣味中等,品质优,耐贮耐运。以九山生姜为原料加工制作的酱菜、五味姜、甘姜、白糖姜片、脱水姜片、香辣粉等食品深受群众欢迎。

14. 遵义大白姜　贵州省遵义市及湄潭县一带农家品种,根茎肥大，表皮光滑，姜皮、姜肉皆为黄白色，富含水分，纤维少，质地脆嫩，辛辣味淡，品质优良，嫩姜宜炒食或加工糖渍。一般单株根茎重 350～400 克，大的达 500 克以上，一般每 667 平方米产 1 500～2 000 千克。

15. 云南红姜　在云南的高山上，生长着一种野生姜，当地人称之为红姜。它生长于山坡上，植株茎叶高大，可达 1～2 米，叶片四季常绿，叶片比普通姜叶稍大，且叶片略薄，叶片背面有细毛，姜块表面呈粉红色，内部呈淡黄色，晒干后，略带粉红色；气味独特，有一股清凉味，辛辣味较淡。主要用作调料。

16. 陕西城固黄姜　陕西省城固县地方品种，在陕西、甘肃、宁夏等省（区）栽培较为普遍，京津等华北地区也有一定的栽培面积。该品种植株生长势较强，株高 50～60 厘米，高的可达 80 厘米以上。一般分枝数是 12～15 个，多的达 30 多个。叶为宽披针形，叶色深绿。姜块扁形，较肥大，鲜姜外皮光滑，为淡黄褐色，肉色淡黄，姜丝细，姜汁多而稠密，辛辣味较浓厚，姜块含水量少，品质优良。单株根茎重量一般在 350～500 克，最大的可达 900 克，平均每 667 平方米产 2 000 千克，高产田达 3 000 千克。

17. 鲁山张良姜　河南省鲁山县地方品种，在河南省鲁山、宝丰、舞阳、平顶山等地栽培较普遍，安徽、山西、山东、河北中南部、陕西西南部等地区也有少量栽培。该品种在汉朝已列为贡品，目前在国内外市场上仍很受欢迎。植株生长势强，一般株高 90～100 厘米，高的可达 120 厘米以上。分枝性较强，每株有地上茎 16～21 个，叶深绿色，根茎肥大。鲜姜外皮光滑，呈现黄白色至淡黄色，嫩芽粉红色，比较粗壮。姜块呈手掌状形态，块大皮薄，含水量低，纤维含量少，肉色金黄，肉质脆嫩，具有浓郁芳香气，辛辣味重，品质良好。适宜鲜食、腌渍、糖渍、加工等多种用途。一般单株根茎重量在 450～650 克，平均每 667 平方米约产 1 700 千克，最高可达 2 500 千克以上。该品种的耐贮性较好，抗病性中等。

18. 绵姜　是山东农民在大姜种植的过程中发现，经过几年的培养选育而成的一个新品种。植株生长势弱于大姜，茎秆粗壮，分枝数略少，一般分枝为8～12个，而大姜分枝为10～16个。叶片大而肥厚，叶色深绿，叶片光合能力强。姜块黄皮黄肉，姜球数较少，姜球肥大，节少而稀，外形美观，纤维少，辣味适中，商品质量好，适宜出口。一般单株重1～1.5千克，最高可达4.3千克。一般每667平方米产鲜姜4 000千克左右。

19. 南粤红芽姜　株高90厘米左右，黄皮黄肉，味辛辣，耐贮。嫩姜肉淡黄色，皮白嫩，芽粉红色，块茎匀直、紧凑，商品性好，且发枝力强，较快形成早期产量，是嫩姜栽培的首选品种。该品种的最大特点是耐湿耐热，不需任何遮荫覆盖即可安全越夏。在广东西南沿海天气炎热、雨水较多的阳东县(该县是广东暴雨中心之一，年降水量达2 200毫米，且常有台风暴雨)和台山市大面积种植。该品种与广东大姜、广西圆头姜、山东莱芜大姜三个对照品种比对观察5年，表现出极强的耐湿、耐热特性。它高抗病毒病，较抗枯萎病、立枯病和炭疽病，在少施氮肥、增施磷、钾肥的情况下亦较抗立枯病，轻感斑点病(如偏施氮肥、加之遇到高湿高温的天气，此病更易发生)。它与所有生姜品种一样不抗青枯病，故需在选种选地及栽培管理上多施高效氯氟氰菊酯。

20. 安姜2号　该产品是首次通过国家正式审定的黄姜品种，2003年1月3日审定。安姜2号是西北农林科技大学选育的黄姜新品种，该品种丰产性好、抗性强，皂素含量中等偏上，是综合性状良好的黄姜品种。叶片(植株上较大的叶片)长5.6～6.4厘米、宽4.6～6.4厘米，长宽几相等，为花叶型，7条叶脉呈细而均匀浅绿色带，果穗上着生3～7个蒴果，根茎黑褐色，三出分枝，其中一个芽头长，其余两个芽头短，芽头较少。最适于海拔800米以下的阳坡及半阳坡和排水良好的平地栽培，适于中性偏酸的土壤，耐旱和耐瘠薄均较好。2年生姜每667平方米产1 500～4 000千克，薯薤皂素含量为2%～3%;生长旺盛,感病少,偶感叶炭疽病和茎基腐病,感病率低于10%。

21. 连山大肉姜　是从我国台湾省引进的新品种之一,其生长适应性强。姜皮薄、肉厚,色泽金黄,纤维细小,肉质脆嫩,辣味适中,含多种维生素和氨基酸;喜温暖,耐阴凉的环境,不耐寒,不抗热,生长起点温度为15℃,最适温度为25℃～30℃,是目前在广东省内种植较为理想的姜品种,一般每667平方米产量为1 500～2 000千克,高的可达5 000千克。是目前生姜深加工的一个重要品种,姜苗和姜叶还可提取姜油或制成沤肥,在市场上具有良好的声誉和竞争优势。

22. 金昌大姜　山东省昌邑市德杰大姜研究所选育。属疏苗类型,生长势强,植株中等偏矮,一般株高80～100厘米,茎秆粗壮,每株分枝8～13个。叶片肥厚,深绿色,根茎节少而稀,姜块肥大,颜色鲜黄,姜汁含量多,纤维少。姜球常呈品字形排列,单株根茎重量0.8～1.2千克,重的可达4千克以上,每667平方米产4 500千克左右。

23. 山农大姜2号　山东农业大学利用从国外引进的生姜资源,通过组培试管苗诱变选择而成。植株高大,生长势强,株高90厘米左右。叶片宽而长,开张度较大,叶色浅绿。茎秆粗,分枝力中等,通常每株具12～15个分枝。根茎黄皮、黄肉,姜球数少而肥大。单株根茎重1千克左右,重的可达2千克以上。每667平方米产4 000千克左右,高产的可达5 000千克以上。

24. 新丰生姜　浙江省嘉兴市新丰镇优良的地方品种。根分为弦线状根和须根,弦线状根着生在新姜的基部,须根从根茎萌发新苗的基部发生。根系不发达,入土不深,分布在表土30厘米范围内。根茎就是生姜,是贮藏养分的器官,有节。节上生弦线状根、须根和芽。茎由根茎上的芽萌发而成。破土芽未长出叶片而外露部分被叶鞘包裹时称假茎。假茎生有茸毛,基部稍带紫色,有特殊香味，生姜茎秆一般高65～90厘米。生姜叶片似竹叶，互生，蜡质多，有白色茸毛。叶片披针形，排成2列。株高65～90厘米，叶片总数18～28片。收获嫩姜的生长期125天，收获老姜的生长期需190天左右。平均每667平方米产1 555千克。

三、大蒜的类型及优良品种

（一）大蒜的类型

1. 按蒜瓣外皮颜色划分类型

（1）白皮蒜类型　鳞茎外皮白色，蒜叶数较多，假茎较高，蒜头大、辣味淡、成熟晚。有大瓣种和小瓣种之分，大瓣种每头5～8瓣，小瓣种每头10瓣以上。该类型常作青蒜和蒜头栽培，其蒜头适于腌渍。代表品种有苍山大蒜、大马牙蒜、狗牙蒜、无薹大蒜、杭州白皮蒜等。

（2）紫（红）皮蒜类型　鳞茎外皮紫红色或有紫红色条纹，蒜瓣有大有小，但蒜瓣数都少，一般每头4～8瓣，辣味浓郁、品质优良。这种类型多分布于华北、东北、西北地区各地，耐寒性差，适于春播。代表品种有蔡家坡红皮蒜、阿城大蒜、定县紫皮蒜、嘉祥大蒜等。

2. 按蒜瓣大小划分类型

（1）大瓣蒜　蒜瓣较少，每头为4～8瓣，蒜瓣个体大且较均匀，外皮易脱落，味香辛辣，产量较高，适于露地栽培。以生产蒜头和蒜薹为主。其代表品种有阿城大蒜、开原大蒜、苍山大蒜等。

（2）小瓣蒜　又叫狗牙蒜。蒜瓣狭长，瓣数较多，多的可达20多瓣。蒜皮薄，辣味较淡，产量偏低，适于蒜黄和青蒜栽培。其代表品种有白皮马牙蒜、拉萨白皮蒜等。

蒜瓣的大小和蒜瓣数主要受品种遗传性控制，所以这种分类方法也较直观和方便。但应注意，蒜瓣大小和蒜瓣数受栽培地区和栽培条件的影响很大。

3. 按有无蒜薹划分类型 可分为有薹蒜和无薹蒜。由于蒜薹的有无和发达程度与栽培生态条件关系很大，因此一个品种的有薹和无薹并不是绝对的。在引种栽培时，有薹种可能会表现出无薹性，而无薹种也可能表现出抽薹性。

4. 按叶形及叶的质地划分类型 可分为软叶蒜和硬叶蒜。软叶蒜一般叶片质地较软，叶片较宽而平展，生长期叶片下垂。硬叶蒜一般叶片质地较硬，叶片较窄而呈槽形，生长期叶片挺直上扬。这种分类有利于了解品种的生长习性和制订合理密植措施。

5. 按生态特征划分类型 可将大蒜分为春性蒜和冬性蒜。春性蒜一般耐寒性稍差，春播，或近冬播种，一般不抽薹，蒜瓣较小；冬性蒜一般耐寒性较强，秋播，可抽薹，蒜瓣较大而少。

6. 按成熟期早晚划分类型 可将大蒜分为极早熟、早熟、中熟和晚熟四大类型。其中，秋播蒜的中熟类型又分为中早熟、中熟和中晚熟 3 类。

(二)大蒜的优良品种

1. 苍山大蒜 原产于山东省，在国内享有较高的声誉。其特点是蒜头洁白、圆正，瓣少而大，蒜瓣大小均匀，香味浓，蒜汁黏稠。蒜薹粗而长，蒜头和蒜薹质量好、产量高，在国内久负盛名。苍山大蒜生产上应用的代表品种有蒲棵、糙蒜、高脚子和嘉祥大蒜。

(1)蒲棵 株高 80～90 厘米，假茎直径 1.4～1.5 厘米，高 35 厘米。叶片条带形，绿色，互生，呈扇状排列，顶叶与假茎所呈角度近 30°，向下夹角逐渐达 30°～43°，有 10～12 片叶；叶片较宽，中部叶片宽 2 厘米以上，基部及顶端叶片宽 1～2 厘米；叶片亦较长，1～4 叶长 10～30 厘米，其余均在 30 厘米以上。蒜薹为绿色，总长 60～80 厘米，其中轴长为 35～50 厘米，尾长 27～33 厘米，直径为0.46～0.65厘米，单薹均重25～35克，组织柔嫩，品质较好，容易提薹。蒜头直径4.5厘米，多为6瓣，皮薄白色，内外3层，瓣内皮稍现赤红色。蒲棵蒜为秋播蒜，属中晚熟品种，其适应性广，耐寒力强，长势好。一般每667平方米产蒜薹400千克、产鲜蒜头1 500千克。

(2)糙蒜　株高一般为80～90厘米，假茎较蒲棵细长，一般高35～40厘米，直径1.3～1.5厘米；叶色较蒲棵略淡，叶片狭窄，叶宽1.5～2厘米，与假茎形成的夹角小于蒲棵；根量亦比蒲棵少。该品种单薹均重30克左右。蒜头白皮，直径5厘米，单头重50克，分4～5瓣，因而具有头大瓣大、瓣少瓣齐的特点。糙蒜为秋播蒜，耐寒力弱于蒲棵，但生长势旺盛，比蒲棵早熟5～7天。蒜薹、蒜头产量与蒲棵相近。

(3)高脚子　植株高大，株高达85～90厘米，高者可达1米以上。假茎较高，为35～40厘米，直径1.4～1.6厘米。叶片肥大，叶宽为2～2.5厘米，浓绿色。根系较蒲棵、糙蒜大。蒜薹粗大，蒜头亦大，多为6瓣，蒜皮白色，瓣内皮略带淡黄色。高脚子为秋播蒜，晚熟。适应性广，耐寒性强，产量高。因瓣大，用种量较多。

(4)嘉祥大蒜　山东省嘉祥县地方良种。为当地出口的重要农产品。植株生长势中等，株高95厘米，假茎高40厘米左右，粗1.6～1.8厘米。叶片狭长，直立，最大叶长50厘米，最大叶宽2.8厘米，叶表面有白粉。蒜头外皮紫红色，横径4.5厘米，单头重25～30克。单头4～6瓣，少数可达8瓣，分2层排列。蒜衣紫色，平均单瓣重4.4克。肉质脆嫩，香辣味浓，蒜泥黏稠。成薹性好，蒜薹长65厘米，粗0.6～0.7厘米。一般每667平方米产蒜薹500千克，产蒜头1 000千克。属头、薹兼用的中熟品种。

2. 嘉定蒜　上海市嘉定县地方良种，有嘉定白蒜和嘉定黑蒜2个品种。

(1)嘉定白蒜　株高80厘米，株幅30厘米，假茎粗1.3厘米。

全株叶片数13～15片，最大叶长50厘米，最大叶宽2.5厘米。蒜头扁圆形，横径4厘米，外皮白色，单头重30～35克，6～8瓣，分2层排列，蒜瓣之间大小整齐相差甚小，平均单瓣重3.7克，蒜皮洁白。蒜薹长40厘米，粗0.5厘米，单薹重15克。每667平方米可产蒜薹250千克左右，产蒜头600千克左右。

(2)嘉定黑蒜　该类型较嘉定白蒜生长势强。叶色深绿，叶片宽厚，假茎较粗，薹粗，头大，但辣味稍淡，是当地目前的主栽品种。嘉定黑蒜蒜头扁圆形，横径4厘米，蒜头重近40克，6～8瓣，分2层排列，瓣大小整齐。蒜皮白色，基部略泛紫。抽薹性好，薹粗0.7厘米，单薹重17克左右。每667平方米产蒜薹300～350千克，产蒜头650～700千克。

3. 苏联红皮蒜　1957年从前苏联引进。该品种植株高大，假茎粗壮，一般株高85厘米左右，假茎粗1.5～2厘米，高40～50厘米，叶色深绿，叶片长50厘米以上、宽3～4厘米。蒜薹较细，一般粗0.4～0.6厘米，黄绿色，纤维少，品质优，单薹重7～10克，耐贮性稍差。其蒜头肥大，横径5.5厘米，单头重50克，蒜皮红色，蒜瓣质脆，蒜泥黏稠，香辣味中等。该品种为秋播早熟类型，适于广大中原地区种植。

4. 鲁农大蒜　山东农业大学从苏联红皮蒜中定向选育而成。植株生长势强，株高80厘米左右，株型开张。全株叶片数13片，最大叶长73厘米，最大叶宽4厘米。蒜头扁圆形，横径5厘米左右，形状整齐，外皮灰白色带紫色条斑，单头重50克左右。每个蒜头有蒜瓣10～13个，分2层排列，外层6～7瓣，内层4～6瓣，外层蒜瓣肥大，内层为中小蒜瓣。蒜衣基部淡红色，平均单瓣重4.5克。抽薹率80%以上，蒜薹长60厘米左右，粗0.7厘米左右。休眠期短，播种后出苗快，苗期生长快，可利用中、小瓣进行密植作蒜苗栽培。

5. 宋城大蒜　系河南农民从苏联红皮大蒜中定向选育而成。

植株生长势强，叶色深绿，叶片宽厚，株型开张，蒜头直径5厘米左右。单头重50克左右，最大可达120克。抽薹率70%左右，蒜薹短而细，平均单薹重5克。一般每667平方米产蒜薹150千克左右，产蒜头1 750千克左右。主要用作蒜头栽培，也可作冬前早熟蒜苗栽培。

6. 徐州白蒜 江苏省徐州地区的大蒜品种，从苏联红皮大蒜中定向选育而成。因蒜头大，内层皮色洁白，商品性好，深受国际市场欢迎，是该地区出口的主要农副产品之一。株高98.6厘米，株幅41厘米，株型开张。假茎高37厘米，粗1.6厘米。全株叶片数13～14片，最大叶长64厘米，最大叶宽3.5厘米。蒜头扁圆形，80%以上的蒜头横径超过5厘米，单头重50克左右。刚收获的蒜头外皮为淡紫色，干燥后呈灰白色带紫色条斑，最外面1～2层的皮膜剥落后则为纯白色。每个蒜头有蒜瓣13～17个，分两层排列。蒜衣一层，淡红黄色，基部色较深。抽薹率77%，薹长49厘米，粗0.7厘米，单薹重12克。蒜瓣休眠期约60天，不耐贮藏。生育期260天左右。不发生外层型二次生长，只有轻度的内层型二次生长发生。

7. 蔡家坡红皮蒜 陕西省岐山县蔡家坡镇地方品种，是我国驰名的大蒜品种之一。该品种株高85厘米，假茎粗1.5～1.6厘米，高35厘米。单株叶数12～13片，最大叶长63厘米，最大叶宽3.2厘米。蒜头扁圆形，横径3.5厘米左右，皮浅紫红色，平均单头重30～35克，内外2层排列，瓣间大小差异不大，蒜皮淡紫色。抽薹性好，蒜薹粗而长，长约45厘米，粗约0.8厘米，抽薹早、效益高。该品种主要适宜作早薹和越冬蒜苗栽培。每667平方米产蒜薹400千克，产蒜头600千克，如进行早蒜苗栽培，3月下旬至4月初上市，每667平方米产3 000～4 000千克。

8. 金堂早蒜 四川省金堂县地方品种。该品种株高60厘米，株幅12厘米左右，假茎长25厘米左右，粗1厘米。最大叶长

35厘米,叶宽2厘米,全株有11片叶。蒜头扁圆形,横径3厘米左右,外皮淡紫色,单头重12～15克,每头有8～10瓣,分2层排列,平均单瓣重1.5克。蒜瓣外皮淡紫色。薹长35厘米、粗0.6厘米,平均重8克。每667平方米产蒜薹150～160千克,产蒜头200千克。属极早熟品种。该品种引入河北作为蒜苗栽培,7月中下旬播种,11月中旬开始收获,每667平方米产3000千克左右。

9. 二水早 四川省成都市郊区及彭州市地方品种。株高74厘米,株幅15厘米,假茎高33厘米、粗1.2厘米,全株12～13片叶,最大叶宽2.3厘米。蒜头圆形,外皮淡紫色,横径3～4厘米,单头重13～16克,每头10瓣左右,分2层排列,平均单瓣重1.8克。蒜皮紫红色。蒜薹长42厘米、粗0.6厘米,单薹平均重12克,味浓质优,是理想的采薹品种,也可作蒜苗栽培。该品种耐寒性较金堂早蒜强,耐热,抗病性强,可以早播,是理想的早熟采薹品种。

10. 软叶蒜 成都市郊区及新都区、彭州市为主要产区。株高80厘米,株幅15厘米,假茎高40厘米、粗1.5厘米,全株叶片数15片,最大叶长45厘米,叶宽3厘米,叶片肥厚、柔软、下垂,故称为软叶蒜。生长快,假茎长,适宜作蒜苗生产。蒜头外皮淡紫色,单头重25克左右,每头约13瓣,分为4层,平均瓣重2.5克。该品种是栽培蒜苗的理想品种。

11. 金山火蒜 广东省开平市一带的地方品种,为广东中部地区大蒜的代表品种。株高60厘米,株幅9厘米。假茎高28厘米、粗0.9厘米,全株叶片数15～16片,最大叶长32厘米,最大叶宽2.1厘米。蒜头长扁圆形,最大横径3.4厘米,最小横径2.7厘米,外皮淡紫色,平均单头重10克。每个蒜头有7～10个蒜瓣,分3～5层排列。1～3层每层平均有2～3个蒜瓣,4～5层每层多为1个蒜瓣,蒜衣2层,紫红色,平均单瓣重1.5克。在当地不抽薹或半抽薹。蒜农为了使蒜头采收后迅速干燥以提早上市,延长贮藏期,先将蒜头在田间晾干,然后运至库中用烟熏,待烘干后远销东南亚国家及香港特区,故称火蒜。当地一般于10月上旬播种,翌年3月上中旬收获蒜头,生育期140～150天。

12. 应县大蒜 山西省应县地方品种,有紫皮和白皮两种,以紫皮为主。植株生长势旺盛,叶片深绿,有蜡粉。蒜头扁圆形,横径5厘米左右,外皮紫色,平均单头重32克,大的达40多克。每头蒜有4～6瓣,少数为8瓣,蒜瓣肥大而匀整,肉质致密,辛辣味浓,品质好。蒜衣紫红色。当地于3月下旬至4月上旬播种,6月下旬至7月上旬采收蒜薹,7月下旬至8月上旬采收蒜头。

13. 新会火蒜 广东省江门市新会区地方品种。株高56厘米,株幅9.6厘米。假茎高29厘米、粗0.9厘米。全株叶片数16～17片,最大叶长31厘米,最大叶宽2.1厘米。蒜头长扁圆形,最大横茎5厘米,最小横径4.3厘米,外皮淡紫色,平均单头重25克,大的可达30克。每个蒜头有9～13个蒜瓣,分3层排列,最外层多为1～2瓣,2～3层的瓣数不规则;第二层少的2瓣,多的6瓣;第三层少的4瓣,多的9瓣。蒜衣2层,紫红色,平均单瓣重2.2克。在当地可抽薹。

14. 普宁大蒜 广东省普宁市地方品种。株高71厘米,株幅20厘米,假茎高24厘米、粗1.5厘米。全株叶片数12片,最大叶长45厘米,最大叶宽3厘米。蒜头长扁圆形,最大横径4.6厘米,外皮白色,平均单头重20克左右。每头9～12瓣,分3层排列,最外层多为3瓣,第二层3～4瓣,第三层3～6瓣,各层蒜瓣的大小没有明显差异。蒜衣两层,淡红色,平均单瓣重2克。在当地可抽薹。

15. 忠信大蒜 广东省韶关市地方品种,为广东北部传统主栽品种。株高61厘米,株幅12厘米,假茎高29厘米。全株叶片数14片,最大叶长34厘米,最大叶宽2厘米。蒜头近圆形,横径2.6厘米,纵径2.5厘米,外皮淡紫色,平均单头重13克。每个蒜头有 5～9 个蒜瓣，分 2～3 层排列，最外层多为 1～2 瓣，第二和第三层少则 2 瓣，多则 7 瓣，第一层和第二层的单瓣重差异不大，第三层蒜瓣最小，平均单瓣重 1.4 克。蒜衣两层，紫红色。在当地不抽薹。

16. 彭县蒜　四川省成都市郊及彭州市地方品种。有早熟、中熟和晚熟 3 个品种。植株高 75～89 厘米，中熟品种的植株最高，晚熟品种次之，早熟品种最低。株幅 15.4～27.8 厘米，晚熟品种最大，早熟品种最小，中熟品种居中。假茎高 34～38 厘米，中熟品种最高，晚熟品种次之，早熟品种更次之。假茎粗 1.5～1.9 厘米，中熟品种最粗，晚熟品种次之，早熟品种更次之。全株叶片数 11～13 片，早熟品种叶数最多，中熟品种次之，晚熟品种最少。最大叶长 47.3～55.8 厘米，中熟品种最长，晚熟品种次之，早熟品种更次之。最大叶宽 3.06～3.55 厘米，品种间差异同最大叶长。蒜头近圆形，外皮灰白色带紫色条斑，横径 4～4.4 厘米，中熟品种最大，晚熟品种最小，早熟品种居中。单头重 22～33 克，中熟品种最高，早熟品种最低，晚熟品种居中。每个蒜头有 7～8 个蒜瓣，分 2 层排列，外层 4～5 瓣，内层 3～4 瓣；瓣形整齐，内外层蒜瓣大小差异不大。平均单瓣重 3～4 克。蒜衣 2 层，紫色，易剥离。抽薹率以中熟品种最好，达 100%；早熟品种和晚熟品种均达 98%左右。蒜薹粗而长，中熟品种薹长 50 厘米，薹粗 0.94 厘米，平均单薹重 20 克。蒜薹质脆嫩，味香甜，上市早，产量高。

在当地种植，每 667 平方米产蒜薹 700 千克左右，产蒜头 750～1 000 千克。该品种的适应性较强，是目前理想的主要用作蒜薹栽培的优良品种。

17. 温江红七星　四川省成都郊县地方品种，又名硬叶子、刀六瓣。属中熟品种，生育期 230 天左右。株高 71 厘米，株幅 15 厘米。假茎长 31 厘米、粗 1 厘米。全株叶片数 11～12 片，最大叶长 44 厘米，最大叶宽 2.5 厘米。蒜头扁圆形，横径 4.5 厘米左右，形状整齐，外皮淡紫色，单头重 25 克左右。每个蒜头有蒜瓣 7～8 个，分 2 层排列，内、外层蒜瓣数及重量差异不大，蒜瓣形状、大小整齐，平均单瓣重 3 克。蒜衣 2 层，淡紫色，不易剥离。抽薹率为 80%左右，薹长 41 厘米、粗 0.5 厘米，单薹重 7 克。当地于 9 月中下旬播种，翌年 4 月上旬收获蒜薹，5 月上旬收蒜头。

18. 来安大蒜 安徽省来安县地方品种。植株生长健壮，是青蒜、蒜薹和蒜头生产兼用品种。蒜薹粗而长，平均长 60 厘米左右，绿色，色泽鲜艳，单根重 35 克左右，食之甜辣嫩脆，品质好，耐贮藏。蒜头外皮白色，蒜瓣肥大，每头 6～7 瓣，多的达 10 余瓣。味浓，质地脆，外皮易脱落，适宜脱水加工。蒜头平均单重 40 克。当地薹用大蒜的适宜播种期为 9 月下旬至 10 月上旬，行距 27～33 厘米，株距 6.5～7 厘米，或行距 17 厘米，株距 10 厘米。每 667 平方米产蒜薹 500～600 千克，产蒜头 700～750 千克。因蒜衣容易剥离，适宜加工成脱水蒜片，产品供内销和出口，以蒜片创国家优质产品。

19. 太仓白蒜 江苏省太仓市地方品种。该品种皮白色，头圆正，瓣大而匀称，香辣脆嫩，是我国四大名蒜之一。太仓白蒜株高 92 厘米，假茎高 40 厘米、粗 1.3 厘米。有叶 13～14 片，叶片宽厚，最大叶长 54 厘米，最大叶宽 2 厘米，单株青蒜苗 30～45 克。抽薹性好，薹长 54 厘米、粗 0.7 厘米左右，单薹重 16～20 克。蒜头外皮洁白，圆正，横径 3.8～5.5 厘米，单头重 25 克左右，每头有 6～9 瓣，属单层型品种，单瓣重 4 克左右。

当地于 9 月下旬播种，每 667 平方米 3 万株，翌年 4 月下旬采收蒜薹，5 月下旬采收蒜头。每 667 平方米产蒜薹 300 千克左右，产蒜头 700 千克左右。该品种是我国出口东南亚的主要品种之一。

20. 襄樊红蒜 湖北省襄樊市郊区地方品种，经多年选择成为以收蒜薹为主兼收蒜头的优良品种。株高 87 厘米，假茎长 35

厘米、粗 1.5 厘米。全株 10～11 片叶。蒜头近圆形，外皮白色，横径 4.5 厘米，单头重 22 克。单头 9～11 瓣，分 2 层排列，瓣形整齐。蒜衣淡紫黄色，平均单瓣重 3 克左右。抽薹性好，蒜薹长 48 厘米、粗 0.8 厘米，单薹重 13 克。

21. 嘉祥大蒜　山东省嘉祥县地方品种，为当地出口的传统名土特产品种。植株生长势中等，株高 95 厘米。假茎高 40 厘米左右、粗 1.6～1.8 厘米。叶片狭长，直立，最大叶长 50 厘米，最大叶宽 2.8 厘米，叶表面有白色蜡粉。蒜头外皮紫红色，直径 4.5 厘米，单头重 25～30 克。每个蒜头的蒜瓣数多为 4～6 瓣，少数达 8 瓣以上，分 2 层排列。蒜衣紫色，蒜头大小均匀，平均单瓣重 4.4 克，肉质脆嫩，香辣味浓，蒜泥黏稠，品质优。抽薹性好，蒜薹长 65 厘米、粗 0.7～0.8 厘米。一般每 667 平方米产蒜薹 500 千克左右，产蒜头 1 000 千克左右。

当地于 9 月下旬至 10 月上旬播种，翌年 5 月中旬采收蒜薹，6 月上旬采收蒜头，生育期 250 天左右。蒜头耐贮藏，在室温下存放时，一般到翌年 3 月才开始发芽。

22. 上高大蒜

江西省著名大蒜地方品种。株高 70～90 厘米。假茎高 25～30 厘米、粗 1.2 厘米，假茎下部紫红色。最大叶长 60 厘米，最大叶宽 2 厘米，叶色深绿，叶片厚，纤维少，表面有白色蜡粉。蒜头扁圆形，横径 4～6 厘米，外皮紫红色，单头重 45～75 克。每个蒜头有 6～8 个蒜瓣，蒜衣紫红色，瓣肥厚，辛辣味浓，品质优良。耐涝、耐寒，较早熟，生育期 210 天。

当地作蒜苗栽培时，于 8 月中旬至 9 月上旬播种，11 月至翌年 2 月采收，每 667 平方米产 2 000～2 500 千克；作蒜薹及蒜头栽培，9 月底至 10 月中旬播种，翌年 4 月中旬采收蒜薹，每 667 平方米约产 250 千克；5 月中旬收蒜头，每 667 平方米产 500～600 千克。

23. 海城大蒜　辽宁省海城市郊地方品种。株高 75 厘米,株形较开张。叶片淡绿色,叶面有蜡粉。蒜头近圆形,外皮灰白色带紫色条纹,平均单头重 50 克左右,大的达 100 克。每头蒜有 5～6 瓣,蒜瓣肥大而且匀整,香辣味浓,捣出的蒜泥不易泻汤或变味。当地于 3 月中旬播种,6 月上旬采收蒜薹,7 月上旬采收蒜头。每 667 平方米产蒜薹 100 千克、蒜头 1 000 千克。

24. 兴平白皮蒜　陕西省兴平市地方品种。植株生长势强,株高 94 厘米左右,假茎高 42 厘米、粗 1.7 厘米。单株叶片数12～13 片,最大叶长 68 厘米,最大叶宽 3 厘米。叶色深绿。蒜头近圆形,横径 4～5 厘米;外皮白色,平均单头重 30 克左右,大的可达 40 克。每个蒜头有 10～11 瓣,分 2 层排列,内、外层蒜瓣数及重量无明显差异,瓣形整齐;蒜衣 1 层,白色,平均单瓣重 3 克左右。抽薹性好,抽薹率 100%,蒜薹长约 50 厘米、粗 0.7 厘米,平均单薹重 11 克左右。当地于 9 月中下旬播种,翌年 5 月下旬采收蒜薹,6 月中下旬采收蒜头。为晚熟品种,多用于加工糖醋蒜、白玉蒜外销日本等国。辣味浓,品质好,晚熟,耐贮藏。

25. 白皮狗牙蒜　吉林省双辽市郑家屯地方品种。株高 83 厘米,株幅 18 厘米,株型较直立。假茎长 35 厘米、粗 1.2 厘米。单株有 22 片叶,最大叶长 51 厘米、叶宽 2.2 厘米。抽薹率低,蒜薹细小,蒜瓣呈 2～4 层排列,细而尖似狗牙状,平均单瓣重 1.2 克。蒜衣 1 层,淡黄色,难剥离。秋播区很少栽培。蒜头近圆形,横径 5 厘米左右,外皮白色,平均单头重 30 克左右。每头 15～25 瓣。春播区 3 月中旬播种,7 月下旬至 8 月上旬收获。每 667 平方米产蒜头 600～750 千克。该品种多作为蒜苗栽培。

26. 吉木萨尔白皮蒜　新疆吉木萨尔县地方品种。因蒜头大、蒜瓣肥、皮色白、品质好而闻名,是新疆大蒜出口的重要品种。该品种株高 75 厘米,假茎长 15 厘米、粗 1.4 厘米,单株叶片 14 片,最大叶长 57 厘米,最大叶宽 2.5 厘米。蒜头扁圆形,横径 5 厘米左右，皮白色，平均单头重 37 克，大的可达 80 克。每个蒜头有蒜瓣 10～11 瓣，分 2 层排列，外层瓣重大于内层瓣重。蒜衣 1 层，淡黄色，平均单瓣重 3.5 克。抽薹率 95%以上，但薹短而细。当地 4 月中旬播种，7 月下旬收获蒜薹，每 667 平方米收薹 100～150 千克。9 月上旬收蒜头，每 667 平方米收 1 500 千克左右。宜作春播青蒜和蒜头栽培。

27. 邳州白蒜　江苏省邳州市地方品种。蒜头以其色白、头大(蒜头直径 5～7 厘米)、味辛香、不散瓣、商品性佳等特点而享誉海内外市场，主要销往国外。该品种株高 60 厘米以上，根系弦状，分布于浅土层。叶宽厚深绿色，半直立，互生。蒜薹退化短细，总苞呈红色。鳞茎(蒜头)扁圆形，直径一般在 5～7 厘米，最外层的叶鞘呈白色，紧紧包裹在鳞茎上不开裂。单头平均重量 50 克以上，每头有 10～12 个蒜瓣，大瓣平均重量 4～5 克以上。对土壤适应性强，耐肥，喜冷凉，适于在 5℃～26℃生长，较红皮蒜耐寒、耐旱，可短时间耐受－10℃以下的低温，抗病力强，不易发生病害。该地在 9 月下旬至 10 月上旬播种，每 667 平方米产干蒜头 1 250 千克。蒜头直径 5 厘米以上的出口级蒜占 90%以上。每 667 平方米产蒜薹 50～75 千克。

28. 都昌大蒜　江西省都昌县地方品种。株高 60 厘米。假茎高 15 厘米、粗 1 厘米。最大叶长 50 厘米，最大叶宽 3 厘米，叶片深绿色，有白粉。蒜头扁圆形，横径 5 厘米，外皮紫红色，单头重 30 克。每个蒜头有 8 个蒜瓣，分 2 层排列，蒜衣紫红色。蒜味浓，品质好，较耐寒，为当地薹、头兼用的优良品种。当地于 9 月中下旬播种，行距 13 厘米，株距 7 厘米，翌年 3 月下旬至 4 月上旬采收蒜薹，每 667 平方米产 400 千克左右；4 月下旬采收蒜头，每 667 平方米产 500 千克左右。

29. 四月蒜　湖南省隆回县地方品种。株高 53 厘米。蒜头外皮紫红色，近圆形，整齐，横径 4 厘米左右，平均单头重 27 克左右。每个蒜头有蒜瓣8～9瓣,分2层排列,外层多为5瓣,内层3～4瓣;内、外层蒜瓣大小差异不大,瓣形整齐,平均单瓣重3克;瓣衣淡紫红色带紫色条斑,包被紧实不易剥离。抽薹率100%,蒜薹粗实。在当地为晚熟品种,5月上旬收蒜薹,5月底至6月上旬采收蒜头。

30. 吉阳白蒜 湖北省广水市农家品种,主产于广水、安陆两市交界的吉阳山周围,为广水市外贸出口品种之一。株高约92厘米,叶肉肥厚,纤维少,香味浓,绿色,全株有叶8～11片,叶较长,假茎粗壮,高约40厘米。蒜薹粗壮均匀,脆嫩,长70厘米,绿白色,单薹重35克左右。蒜头洁白,皮薄汁多,甜味适中,品质上等,单头重39克;有蒜瓣8～9瓣,单轮排列,蒜瓣近三棱形,长3.6厘米,横径2厘米,重约4克。全生育期235～255天,蒜薹,蒜头兼收。适应性强,较抗病,耐寒耐热,一般每667平方米产蒜薹350～500千克,蒜头300～700千克。

31. 舒城大蒜 安徽省六安市舒城县地方品种。为安徽大蒜出口品种之一,鳞茎大,外皮白色、蒜瓣抱合较紧,每个蒜头6～9瓣;含水少,辛辣味浓,品质优。蒜薹长60～90厘米,生长期260天左右。耐寒,抗病虫,每667平方米产蒜薹150～200千克,产蒜头500千克以上。

32. 阿城大蒜 为东北各省大蒜栽培的主要品种,也是东北地区大蒜出口的主要品种之一。植株生长健壮,叶色浓绿,横径可达5厘米,每个蒜头6～7瓣,蒜头平均重30克。成熟早,产量高,品质优良。

33. 伊宁红皮蒜 新疆伊宁县的地方品种。株高约90厘米,假茎长25厘米、粗1.6厘米。单株叶片数11～12片。蒜头近圆形,横径5厘米左右,外皮紫红色,平均头重50克左右,每头6～7瓣,分2层排列,蒜瓣匀称,差异较小,平均单瓣重6克左右。抽薹率高,但薹短而细,属于头用品种。当地作为秋播于9月下旬播种，翌年5月下旬至6月上旬收薹，每667平方米产蒜薹1 100～1 200千克。7月中旬收蒜头，每667平方米产1 500千克左右。

34. 拉萨紫皮 西藏拉萨市郊地方品种。蒜头扁圆形，横径7.5厘米，外皮紫色，易破裂，平均头重108克。每头蒜有8～20瓣，11瓣左右的居多，平均单瓣重10克左右，蒜衣紫褐色。当地于3月上中旬播种，7月上中旬采收蒜薹，10月下旬至11月上旬采收蒜头。

35. 下察隅大蒜 西藏自治区下察隅地区地方品种。蒜头近圆形，横径7.7厘米，外皮紫红色。平均单头重66克。每头蒜有蒜瓣9～10个，蒜衣紫色。当地于8～9月份播种，翌年6月下旬至7月上旬收获蒜头。

36. 拉萨白皮蒜 西藏自治区拉萨市郊地方品种。蒜头扁圆形，大而整齐，外皮白色。平均单头重150克，大的达250克。每头蒜有蒜瓣20多个，蒜衣白色。耐寒、耐旱，抽薹率低。当地可实行春、秋两季栽培，3月上中旬或10月上中旬播种，8月下旬至9月上旬收获蒜头。每667平方米产干蒜头2 500千克左右。

37. 格尔木大蒜 青海省大格勒一带地方品种。以产蒜头为主，生长期180天左右。生长势强，株高40～50厘米，植株开展度25～30厘米，假茎粗1.6～2厘米，抗寒、耐干旱。蒜头外皮紫红也，蒜瓣外皮深紫红色，内皮淡紫红色；蒜瓣6～8瓣，大小均匀，质地细嫩，香味和辣味均浓，蒜泥黏稠，品质极优。蒜头纵径4.5～5.5厘米，横径5～6厘米，单头平均重50克以上，蒜瓣平均重6.5克左右。为当地春播品种，9月份收获蒜头。

38. 茶陵蒜 湖南省茶陵县地方品种，是湖南省大蒜栽培面积最大的品种，属紫皮蒜。株高61～66厘米。蒜头扁圆形，横径5.9厘米，平均单头重56克。每个蒜头有蒜瓣11～12个。香辣味浓，品质好，在当地为中熟品种。

39. 广西紫皮 广西壮族自治区南宁市郊地方品种。株高72

厘米左右，株幅31厘米左右。假茎高24厘米、粗1.5厘米。全株叶片数11～12片，最大叶长48.8厘米，最大叶宽2.8厘米。蒜头扁圆形，横径4.5厘米左右，形状整齐，外皮乳白色带紫色条纹，平均单头重30克。每个蒜头有蒜瓣11～12个，分2层排列，内、外层的蒜瓣数相近，各为5～7瓣，蒜瓣大小也相近，平均单瓣重2.5克。蒜衣两层，紫红色。抽薹性好，抽薹率90%以上。蒜薹长32厘米、粗0.74厘米，单薹重13克。

40. 余姚白蒜 浙江省余姚市地方品种。株高70～90厘米，株幅30～45厘米。假茎粗1.6厘米。蒜头外皮为白色，横径4.6厘米，单头重38克左右。每个蒜头有蒜瓣7～9个，蒜衣白色，平均单瓣重5克。

当地于9月下旬至10月上旬播种，翌年5月上旬采收蒜薹，5月下旬至6月上旬采收蒜头。每667平方米产蒜薹400～500千克，产蒜头1 000千克。

41. 陆良蒜 云南省曲靖市陆良县地方品种。株高67厘米左右，株幅30厘米左右。假茎高20厘米、粗1.5厘米。蒜头近圆形，横径4.5厘米左右，形状整齐，外皮灰白色带淡紫色条斑，平均单头重30克。每个蒜头有蒜瓣10～11瓣，分2层排列，蒜瓣形状、大小整齐，内、外层蒜瓣数及重量的差异很小，平均单瓣重3克。蒜衣两层，暗紫色。抽薹率94%以上，蒜薹长29厘米、粗0.8厘米，平均单薹重13克。

42. 毕节蒜 贵州省毕节市地方品种。大蒜产区位于贵州西北部云贵高原东部丘陵地带，主要种植在海拔1 400～1 700米地段。株高91厘米，株幅44.6厘米。假茎高32厘米左右、粗1.8厘米。蒜头近圆形，横径5.3厘米，外皮淡紫色。平均单头重50克。每个蒜头有蒜瓣11～13瓣。分2层排列，蒜瓣间排列紧实，外层蒜瓣数一般比内层蒜瓣数少，但蒜瓣较大，平均单瓣重4克，大瓣重5.5～6克，瓣型肥大，蒜瓣背宽约1.5厘米。蒜衣一层，淡紫色。抽薹率98%～100%,蒜薹长55厘米、粗0.9厘米,平均单薹重15克。当地于8月中下旬播种,翌年5月下旬采收蒜薹,6月下旬采收蒜头。每667平方米产蒜薹350～380千克,产蒜头1 200～1 500千克。

43. 桐梓红蒜　贵州省遵义市桐梓县地方品种。植株长势强,株型开张。叶片宽大,深绿色。蒜头外皮紫红色,平均单头重17克左右。每个蒜头有蒜瓣10～11瓣,分2层排列,蒜衣紫红色。蒜薹粗大,长约70厘米、粗约0.7厘米,平均单薹重14克。每667平方米产蒜薹470千克左右,产蒜头500千克左右。耐寒性强。除适宜作以蒜薹为主的栽培外,因叶片宽大,苗期生长快,还适宜作蒜苗栽培。

44. 普陀大蒜　陕西省洋县普陀地方品种。株高85厘米,株幅28厘米。假茎高33厘米、粗1.7厘米。蒜头扁圆形,横径4.5～5厘米,外皮淡紫色,平均单头重30克。每个蒜头有蒜瓣8～9个,分2两层排列,内、外层蒜瓣数及重量差异不大,瓣形整齐,平均单瓣重3.6克。蒜衣两层,紫红色。抽薹性好,抽薹率99%。薹长46厘米、粗0.8厘米,单薹重19克,是以蒜薹栽培为主的优良品种。

45. 耀县红皮　又名耀县火蒜,为陕西省铜川市耀州区地方品种。株高85厘米,株幅44厘米。假茎高36厘米、粗1.4厘米。蒜头近圆形,横径4.2厘米,外皮浅紫色,平均单头重27.5克。每个蒜头有蒜瓣7～8瓣,分两层排列,一般外层为2～3瓣,内层为4～5瓣,外层蒜瓣比内层蒜瓣大。蒜衣两层,淡紫色,平均单瓣重3克。抽薹性好,抽薹率100%。薹长46厘米,薹粗0.8厘米,单薹重17.3克。为蒜薹和蒜头俱佳的品种。当地于9月中旬播种,翌年5月上旬采收蒜薹,6月上旬采收蒜头。每667平方米产蒜薹400～500千克,产蒜头750～800千克。

46. 天津六瓣红　天津市宝坻区地方品种。株高65厘米,株幅25厘米。假茎高26.5厘米、粗1.5厘米。蒜头扁圆形，横径5厘米左右，外皮淡紫色，平均单头重30克。每个蒜头的蒜瓣数一般为6瓣，少的5瓣，多的7瓣，分2层排列，内、外层各为3瓣，蒜瓣大小相近，瓣形整齐，排列紧实，蒜衣一层，暗紫色，平均单瓣重4克。当地于3月上旬播种，翌年5月下旬采收蒜薹，6月下旬采收蒜头。每667平方米产蒜薹280千克左右，产蒜头850千克左右。该品种产区位于北纬39°以北的平川地带，其特性介于低温反应中间型与低温反应迟钝型之间，在当地系春播品种。引至陕西杨凌（北纬34°18′）秋播时，第一年基本可保持其优良种性，但用留蒜种再播种时便严重退化，蒜头显著变小，抽薹率降低。

47. 昭苏六瓣蒜　新疆维吾尔自治区昭苏县地方品种。蒜头近圆形，横径5～6厘米，外皮淡紫色。平均单头重50克左右。每个蒜头的蒜瓣数多为6瓣，少的4瓣，多的7瓣，分两层排列，内外层蒜瓣数及蒜瓣大小的差异不大。瓣型肥大而整齐，蒜瓣背宽达2.2厘米，蒜衣一层，紫褐色，平均单瓣重6.8克。当地于10月10日至10月20日播种，播种过早或过晚，越冬时易受冻害。翌年7月中旬采收蒜薹，8月中旬采收蒜头，生育期320天左右。耐寒性强，耐贮藏，可存放至翌年5月份。辛辣味浓，蒜泥可存放数天不变质。

48. 双丰1号(VF681)　山东省农业科学院蔬菜研究所选育的薹、头兼用脱毒品种，生育期260天左右。株高100～110厘米。蒜头硬秸，外皮白色，内皮淡紫色，单头重50～90克，横径5.5～7厘米，6～8瓣。蒜薹长，色绿质优，耐寒、耐贮存。一般栽培密度为每667平方米25 000～30 000株，每667平方米产干蒜头1 000～1 500千克，产蒜薹800～1 000千克，适合出口外销。

49. 双丰2号(VF682)　山东省农业科学院蔬菜研究所选育的薹、头兼用脱毒品种，生育期250天左右。株高100～120厘米。蒜头硬秸，外皮淡紫色，内皮紫色，单头重50～90克，6～8瓣，横径 5.5～6 厘米，大蒜素含量高。蒜薹长，色绿质优，耐贮存、耐寒。一般栽培密度为每 667 平方米 25 000～30 000 株，每 667 平方米产干蒜头 1 000～1 500 千克，产蒜薹 800～1 000 千克，适合出口外销。

50. 白蒜王(VF683)　山东省农业科学院蔬菜研究所选育。大蒜头全白皮脱毒品种。株高 75～95 厘米。蒜头软秸，个大，内、外皮均为白色，纵径 3.5～4 厘米，横径 5.5～9 厘米，重 50～100 克，8～12 瓣，大而整齐，有少许复瓣，肉质细嫩、辛辣味淡。耐贮性中等，耐热，生育期 240 天左右。一般栽培密度为每 667 平方米 23 000～28 000 株。每 667 平方米产干蒜头 1 500 千克左右，产蒜薹 300～400 千克，适合出口外销。

51. 鲁蒜王 1 号(VF684)　山东省农业科学院蔬菜研究所选育。大蒜头脱毒品种，生育期 240 天左右。株高 90～100 厘米。茎粗壮，叶片 9～10 片。蒜头外皮白色略带紫筋，8～14 瓣，含 2～3 个夹瓣。单头重 60～120 克，横径 5.5～9 厘米。对叶枯病有中度抗性。一般栽培密度为每 667 平方米 23 000～28 000 株。每 667 平方米产干蒜头 2 100 千克左右，产蒜薹 400～600 千克，适合出口外销。

52. 鲁蒜王 2 号(Vf05)　山东省农业科学院蔬菜研究所选育。大蒜头脱毒品种，生育期 250 天左右。株高 80～95 厘米，茎较粗壮，叶片 9～11 片，绿且厚，叶长 55 厘米、宽 2.8 厘米。蒜头软秸，外皮白色略有微紫斑，9～12 瓣，有 1～2 个夹瓣，单头重 60～100 克。蒜薹收获期一致。薹色淡绿，长 55～60 厘米、粗 0.6 厘米。抗病，耐退化。一般栽培密度为每 667 平方米 18 000～22 000 株，每 667 平方米产干蒜头 1 600～1 800 千克，产蒜薹 800～1 000千克。

53. 江孜红皮蒜　西藏自治区日喀则地区江孜县地方品种。株高 79 厘米，株幅 23 厘米，假茎高 35 厘米、粗 1.2 厘米。单株叶片数13片,最大叶长51厘米,最大叶宽2.1厘米。蒜头扁圆形,横径6～7厘米,形状整齐,外皮灰白色带紫色条纹,平均单头重75克,大的可达100克。有蒜瓣7～9个,分两层排列,内、外层蒜瓣数相近,外层蒜瓣略大于内层,平均单瓣重9.2克。蒜衣2层,紫红色,容易剥离。当地于4月上旬播种,9月上旬收获蒜头。

54. 清涧紫皮蒜 陕西省北部清涧县地方品种。蒜头扁圆形,横径5厘米左右,外皮灰白色带紫色条纹,平均单头重约30克。每头蒜有蒜瓣5～6个,分两层排列,内、外层蒜瓣数及单瓣重差异不大,瓣形整齐,平均单瓣重5.4克。蒜衣一层,紫红色,不易剥离。当地于3月份播种,6月上旬采收蒜薹,7月上旬采收蒜头,为早熟品种。每667平方米产蒜薹90～100千克,蒜头约800千克。

55. 榆林白皮蒜 陕西省北部榆林地区地方品种。株高51厘米,株幅42厘米。单株叶7片,叶面蜡粉多。蒜头近圆形,横径4.5厘米左右,外皮白色,平均单头重70克左右。每个蒜头有蒜瓣14～17个,分3～4层排列,蒜瓣小而细长。蒜薹短小。当地为春播,晚熟,较耐寒,耐瘠薄,多在沟台旱地栽培。

56. 开原大蒜 辽宁省开原市地方品种。株高89厘米,株幅34厘米。假茎高34厘米、粗1.4厘米。单株叶10～11片,最大叶长60.5厘米,最大叶宽2.7厘米。蒜头近圆形,横径4.7厘米,外皮灰白色带紫红色条纹,平均单头重32克。每头蒜有蒜瓣7～11个,分2层排列,平均单瓣重3.5克。蒜衣一层,暗紫色,易剥离。当地于3月下旬播种,6月中旬采收蒜头。

57. 民乐大蒜 甘肃省张掖市民乐县地方品种。株高78厘米,株幅34厘米。假茎高12厘米、粗1.2厘米。单株叶16片,最大叶长66.5厘米,最大叶宽2.4厘米。蒜头近圆形,横径5.2厘米,形状整齐,外皮灰白色带紫色条纹,平均单头重50克左右。每头蒜有蒜瓣6～7个,分2层排列,内、外层的蒜瓣数及大小无明显差异，蒜瓣肥大而且匀整，平均单瓣重 7 克左右。蒜衣 2 层，暗紫色。当地于 4 月上旬播种，7 月中旬采收蒜薹，8 月下旬采收蒜头。

58. 临洮白蒜 甘肃省临洮县地方品种。株高 95 厘米，株幅 24 厘米。假茎高 41 厘米、粗 1.1 厘米。单株叶 18 片，最大叶长 52 厘米，最大叶宽 2 厘米。蒜头近圆形，横径 5 厘米左右，外皮白色，平均单头重 33 克。每头蒜有蒜瓣 21～23 个，分 4～5 层排列，外层蒜瓣最大，向内逐渐变小，平均单瓣重 1.7 克左右。蒜衣 1 层，白色。当地于 3 月上中旬播种，7 月中下旬收获蒜头。抽薹性较差，蒜薹短而细。主要用作蒜苗栽培。

59. 临洮红蒜 甘肃省临洮县地方品种。株高 73 厘米，株幅 28 厘米。假茎高 21 厘米、粗 1.5 厘米。单株叶 15～16 片，最大叶长 57 厘米，最大叶宽 2.8 厘米。蒜头近圆形，横径 4.5 厘米，外皮浅褐色带紫色条纹，平均单头重 30 克左右。每头蒜有蒜瓣 12 个，多者 14 个，分 2 层排列，外层瓣数较少、较大，平均单瓣重 2.3 克。在当地可以抽薹。

60. 土城大瓣 内蒙古自治区乌兰察布盟和林格尔县土城子乡地方品种。株高 75 厘米，株幅 30 厘米。假茎高 15 厘米，粗 1.1 厘米。单株叶片数 8～9 枚，最大叶长 57 厘米，最大叶宽 2.6 厘米。蒜头近圆形，横径 4.6 厘米，外皮灰白色带紫色条纹，平均单头重 28 克左右，大的达 50 克。每头蒜有蒜瓣 8～9 个，一般分 3 层排列，最外层多为 1 瓣，重 4 克左右；第二层 4～5 瓣，平均单瓣重 2.5 克左右；第三层 3～4 瓣，平均单瓣重 1.8 克左右。蒜衣 1 层，紫红色。当地春播夏收，可抽薹。

61. 银川紫皮 宁夏回族自治区银川市郊县地方品种。株高 65 厘米，株幅 25 厘米。假茎高 17 厘米、粗 1.7 厘米。单株叶片数 13～14 片，最大叶长 49 厘米，最大叶宽 3 厘米。蒜头近圆形，横径 4.3 厘米，外皮灰白色带紫色条纹，平均单头重 30 克左右。每头蒜有蒜瓣 8～9 个，分 2 层排列，外层 4～6 瓣，内层 3～5 瓣，内、外层单瓣重差异不大，瓣型整齐、均匀，平均单瓣重 3 克左右。蒜衣 2 层，紫红色。当地春播夏收，抽薹性较差，薹细小，且有半抽薹现象。

62. 柿子红 天津市农作物品种审定委员会 1987 年审定的天津地方品种，株高 70 厘米，叶 9 片，浅绿色，蜡粉较少。蒜头扁圆，柿子形，横径 5～6 厘米，单头重 40 克。辣味适口，蒜皮易破裂，不耐贮运。每 667 平方米产干蒜头 550 千克左右。

63. 紫皮蒜 内蒙古自治区农作物品种审定委员会 1989 年审定的内蒙古自治区地方农家品种。株高 55～65 厘米，开展度 40～54 厘米，假茎高 16～21 厘米。成株 8～9 片叶，叶片细长，较厚，扁平实心，草绿色，鲜蒜头重 32～58 克。在内蒙古生长期 105～110 天。植株生长势强，苗期抗寒，耐旱，抗盐碱，抗病性强，后期易受地蛆危害。易抽薹。辛辣味浓，品质好，耐贮藏。每 667 平方米产蒜薹 75～100 千克，产鲜蒜头 750～900 千克。

64. 二红皮蒜 由河北省保定市引入内蒙古自治区，内蒙古自治区农作物品种审定委员会 1989 年审定。株高 56 厘米，开展度 45 厘米，假茎高 35 厘米。成株有大叶片 7～8 片，叶面光滑，有蜡粉。蒜头纵径 4.5 厘米，横径 5.4 厘米，蒜头外皮浅紫红色，蒜头重 80 克左右。苗期耐寒，较抗旱，耐盐碱，抗病，后期易受地蛆为害。蒜瓣辣味浓，品质中上等，耐贮藏，每 667 平方米产鲜蒜头 1 750 千克左右。

65. 宁蒜 1 号 黑龙江省宁安市农业科学研究所用当地紫皮蒜为材料，经辐射处理后选育而成。黑龙江省农作物品种审定委员会 1990 年审定。叶片收敛，长势强，叶茂盛。株高 60 厘米左右。蒜薹直立，长 42 厘米左右，后期薹顶端出现弯钩形状。蒜头重 45 克左右。在黑龙江省生长期为 95～100 天，需活动积温 1 280℃左右。平均每 667 平方米产干蒜头 356 千克。喜肥水，蒜头品质好，辣味浓，口感性好，抗旱、抗病力强，耐贮运。

66. 中农1号　该品种株高90～100厘米，株幅40厘米，根系发达，生长势强，假茎粗大，一般为2.5～3厘米，叶片上冲，茎秆强壮。蒜头大，蒜头直径7～9厘米，最大11.5厘米以上。蒜皮紫红色，蒜皮厚，不散瓣耐运输，蒜瓣夹心少。蒜薹产量高，抽薹齐，每667平方米产蒜薹700～800千克。品质优，氨基酸、大蒜素、维生素明显优于普通大蒜，且不易感染病毒。它的根系发达，活力强、耐旱耐寒，活秆、活叶、活根成熟，是大蒜育种史上的重大突破，成为目前我国大蒜出口及内销的重要品种之一。

67. 早薹蒜二号　山东农业大学园艺学院和西北农林科技大学园艺学院选育的大蒜品种，1997年通过山东省农作物品种审定委员会审定。植株生长势强，高75～80厘米，最大叶宽4厘米。该品种的最大特点是抽薹早、抽薹率高，蒜薹产量高。在陕西杨凌和山东泰安、成武、巨野等地9月中旬播种，翌年4月中旬采收蒜薹，5月中旬采收蒜头。一般每667平方米产蒜薹600～1 000千克，产蒜头750～1 100千克；高产田每667平方米可产蒜薹800～1 100千克，产蒜头900～1 300千克。

68. 华蒜3号　山东省梁山县科技兴农研究所选育。该品种系品质优、产量特高的头用型大蒜品种，生长势强劲，根系发达，茎鞘粗壮、坚实、抗风抗折，熟不倒棵，便于收获。叶片宽、长、厚，叶色鲜绿，光合力强，蒜瓣白细。抗寒抗旱、喜肥耐瘠，蒜皮较厚，很耐贮运，单个蒜头100～200克，大的可达500克；直径7～8厘米，大的达11.1厘米。株高80～90厘米，白露种植，翌年芒种前3～7天收获。适宜我国各蒜区种植。一般每667平方米产蒜头3 600千克左右，产蒜薹500千克左右。

69. 华蒜1号　山东省金乡县地方品种的变异株，经多年系统选育而成，是现今特早熟薹用型大蒜优选品种。该品种生长势旺，抗逆性强，蒜薹肥长、均匀。白露播种，翌年清明前3～7天抽薹收获。适宜我国蒜薹产区种植。一般每667平方米产蒜薹

900～1 000 千克，产蒜头 300 千克。

70. 华蒜 2 号 山东省梁山县科技兴农研究所选育。该品种是蒜头、蒜薹产量都较高，集早熟、抗冻、抗病、优质于一体的双用型大蒜品种。该品种生长势较强，根深叶茂，茎鞘坚硬抗寒，在−16℃下不受冻伤，好种易管。白露播种，翌年谷雨前 8～12 天收获蒜薹，芒种前 5～12 天收获蒜头，九成蒜头直径在 5 厘米以上，大的达到 7～8 厘米。适宜我国薹头兼用型产区种植。一般每 667 平方米产蒜头 2 300 千克左右，产蒜薹 750 千克左右。

71. 青龙白蒜 江苏省射阳县临海镇农科站经过多年提纯复壮培育而成的当家蒜种，又称临海白蒜或射阳白蒜，其以株壮、薹粗、头大、味浓而著名，在国际市场上享有盛誉。具中熟、植株粗壮、生长势旺、抗寒性较强、优质高产等特点。株高 75 厘米左右，株幅中等。假茎长 35 厘米、粗 1.5 厘米。一生有叶 11 片，剑形、直立、深绿色，叶长 45 厘米左右、叶宽 2～3 厘米。抽薹率 100%，薹长 50～60 厘米、薹粗 0.7～0.8 厘米，单薹鲜重 40～45 克，最重的达 50 多克。蒜头外皮洁白，略呈扁球形，横径 4～5 厘米、高3～4 厘米，每头 8～10 瓣，蒜瓣肥厚，单头鲜重约 70 克、干重约 50 克。味浓郁香辣，品质上乘。宜在中性或微碱性砂壤土上种植，全生育期 250 日左右。每 667 平方米产蒜薹 1 300 千克左右，产蒜头 1 500 千克左右，是理想的青蒜、蒜薹、蒜头兼用的优良蒜种。

72. 改良蒜 属苏联红皮蒜系的品种。在陕西省关中地区普遍栽培，具有适应性强、中熟、发芽早、前期生长快、蒜头大、产量高但不耐贮藏等特点。属低温反应中间型品种。株高 85 厘米左右，开展度约 40 厘米，假茎长 40～50 厘米、直径 2 厘米左右。单株叶 12～13 片，最大叶长 80 厘米，最大叶宽 3～4 厘米，叶色较淡，有蜡粉。幼苗期叶色黄绿，叶片沿中脉呈明显的槽沟形，叶鞘较短，越冬时可达 7 片叶。抽薹率约 70%，蒜薹较短而细，黄绿色，总苞基部有紫红色斑，蒜薹及总苞长度约 80 厘米、薹直径 0.4～0.7 厘米，单薹重10～15克。蒜薹组织疏松，纤维少，辛辣味淡，宜鲜食，不耐贮藏。蒜头扁圆形，外皮灰白色带浅紫色纵向条斑，易脱离；内皮洁白，带紫色细条纹。蒜头肥大，横径5厘米左右，单头蒜重一般为30～50克，每头12～14瓣，分2层排列，内外层瓣数相近。外层蒜瓣肥大而较整齐，内层蒜瓣狭长而瘦小。蒜衣一层，较薄，有光泽，易剥离，背面白色带紫色细条纹，腹面黄褐色。蒜瓣组织较疏松，味道柔和，休眠期较短，不耐贮藏。宜作青蒜和蒜头栽培。

73. 超化大蒜　河南省新密市的名特蔬菜品种。栽培历史悠久，在河南享有盛名。具有中晚熟、株壮、头大、优质高产等特点。根系不发达，单株叶7～9片。蒜薹粗壮，鲜嫩多汁。蒜头外皮紫色，个肥大，每头5～6瓣，单头重40克。蒜味浓郁，捣成蒜泥后久放不变味。该品种宜作蒜薹、蒜头或蒜黄栽培。

74. 衡阳早薹蒜　湖南省衡阳市从隆安红蒜中选育的良种。具有中早熟、耐寒性强，抗病虫害、生长势旺、蒜苗粗壮、抽薹早、优质高产等特点。植株直立，株高60厘米。假茎粗壮，长7～10厘米，直径2厘米。单株叶8～12片，叶长条形，绿色，蜡粉少，长46厘米、宽3.2厘米。青蒜单株重95克，最重达125克。蒜薹长40厘米，绿色脆嫩。蒜头外皮白色间紫红色，每头18～25瓣，瓣瘦小。宜作青蒜和早薹蒜栽培

75. 龙金紫皮蒜　该品种具有中早熟，耐寒性强，抗病虫害，植株粗壮，整齐，产量高优质等特点。株高65厘米，叶片扁平呈折叠状，叶色深绿，严冬很少枯尖，仍保持深绿色。叶长45厘米、宽3.3厘米。蒜头外皮紫红色，个较大，横径4.6厘米、高4.1厘米，每头9～11瓣，单头重25克，味辛辣香浓。宜作青蒜或蒜薹和蒜头栽培。

76. 峨眉丰早　四川省峨眉山市地方品种。具有极早熟、生长势旺、耐热、抗病虫害、适应性强、品质优等特点。叶片短小，假茎粗。蒜薹青绿色，鲜嫩，单薹重21克左右。蒜头外皮紫红，头小瓣

小，单头6～8瓣，辣味适中，适宜制蒜粉。生育期140天，蒜薹上市早，每667平方米产蒜薹850千克，市场俏销，效益高，宜作早蒜薹栽培。

77. 隆安红蒜 广西壮族自治区隆安县地方品种。具有早熟、抗热、高产、优质等特点。株高57厘米，假茎直径1.7厘米，根系发达，叶长52厘米、宽1.5厘米。青蒜产量高，味道鲜美。蒜薹易抽出，能在较高气温下抽薹。蒜头外皮紫色，每头7瓣，瓣小，单头重11克左右。每667平方米产青蒜1 800～2 000千克，或产蒜薹700～800千克、蒜头400～700千克，是早青蒜、蒜薹、蒜头兼用的良种。

78. 金山火蒜 广东省开平市地方品种。广东省中部主栽，属低温反应敏感型品种。株高60厘米左右，开展度9厘米，假茎长28厘米、直径0.9厘米。单株叶15～16片，最大叶长32厘米，最大叶宽2.1厘米。在当地不抽薹或半抽薹。蒜头呈长扁圆形，最大横径3.4厘米，最小横径2.7厘米，外皮淡紫色，平均单头重10克左右。每头7～10瓣，分2～5层排列。1～3层每层平均2～3瓣，4～5层每层平均1瓣。平均单瓣重1.5克左右。蒜衣2层，紫红色。

79. 川西大蒜 四川紫皮蒜地方品种，可分为蒜苗、蒜薹、蒜头兼用种，蒜薹、蒜头兼用种，蒜苗、蒜头兼用种。其中金堂早蒜为蒜苗、蒜薹、蒜头兼用种，生长期180天，蒜头较小，椭圆形，每头8～10瓣，排列规则，高瓣，耐热、耐旱，出芽早，每667平方米产蒜薹100～150千克、蒜苗300～400千克、蒜头200千克左右。蒜薹、蒜头兼用品种有雨水早、二水早、温江大蒜，其中二水早生长期210天，蒜头为球形，中等大小，单头有8～9瓣，排列紧密，蒜皮厚，耐热、抗寒、抗病、不早衰，品质好，每667平方米产蒜薹400千克左右、蒜头400千克左右。蒜苗、蒜头兼用品种有软叶子，蒜头为高球形，莲花状瓣1克，13瓣左右，里外双层排列，生长期210

天左右。耐热,易出芽,不易生蒜薹,蒜苗细软,品质佳。每667平方米产蒜苗1 500千克,产蒜头700千克左右。

80. 永年大蒜 河北省永年县地方品种,为白皮蒜。单头蒜重20克。每头蒜有5～6瓣,皮薄,辛辣味浓。在普通栽培条件下,每667平方米产蒜薹250千克左右、蒜头500千克左右。

第三章　葱优质高效栽培技术

一、大葱优质高效栽培技术

(一)大葱栽培的基础知识

1. 形态特征与栽培

(1)根、茎和叶　大葱的根为白色弦状须根,粗 1～2 毫米,着生在短缩的茎盘上,平均长 30～40 厘米,无根毛,吸收肥料和水分的能力较弱。葱根的再生力较强,随着叶片数增多和培土加高,根系分布在培土层(地上)和地下 40 厘米的土层里,横展半径达20～30 厘米。大葱在营养生长期,其茎为短缩茎,叶片呈同心环状,着生在茎上。通过春化后,生长点停止分化叶片,形成花薹。葱叶由叶身和叶鞘组成。叶鞘圆管形,层层包围,环生在茎盘上。每个新叶均在前片叶鞘内伸出,抱合伸长,组成假茎即葱白。幼叶刚伸出叶鞘时黄绿色,实心;成龄叶深绿色,管状,中空,表层被有白色蜡质物,属耐旱生态型。

(2)花、果实和种子　大葱花薹的粗度和高度因品种特性和营养生长情况而异。花为伞状花序,圆球形,藏在膜状球形总苞内,内有小花 400～500 朵,先后开放。小花为两性花,异花授粉。葱果实为蒴果,成熟后开裂,种子易脱落。种子呈盾形,内侧有棱,种皮黑色坚硬,不易透水,千粒重 2.4～3.4 克。种子寿命较短,在一般贮藏条件下其寿命仅为 1～2 年。生产上宜用当年新籽作种。

2. 生长发育与栽培　大葱的生育周期可分为发芽期、幼苗期、葱白形成期、休眠期和开花结籽期 5 个时期。生长期的长短随播种期而定。春播仅需通过 1 个冬天,为 15～16 个月;秋播要通过 2 个冬天,需 21～22 个月。

(1)发芽期 从播种到子叶出土直钩为发芽期。此期主要依靠种胚贮藏的营养物质生长。在适宜的发芽条件下,种子吸水,种子内养分转化,种胚萌动。播种后 7～10 天,胚根从发芽孔伸出,扎入土层,子叶伸长,腰部拱出地面。子叶弯钩拱出地面称"打弓",而后子叶尖端伸出地表并伸直称"伸腰"或"直钩",再从出叶孔长出第一片真叶(图 3-1)。

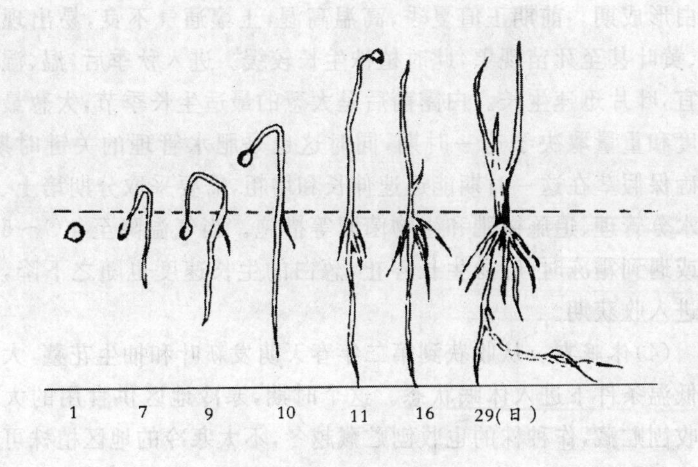

图 3-1 大葱种子发芽示意图

1 日 播种 7～9 日 弯钩(打弓)

10～11 日 伸腰(直钩) 16 日 出真叶 29 日 越冬

(黄伟等,2000)

(2)幼苗期 从子叶出现到定植为幼苗期。在秋播的条件下,幼苗期长达 8～9 个月。从第一片真叶出现到越冬长达 50 天的时间为幼苗生长前期。该阶段气温低,要防止幼苗生长过大。因为幼苗过大,会使其越冬能力下降,同时还会因感受低温而出现先期抽薹现象。一般来说，幼苗的大小以两叶一心为宜。

从越冬到第二年返青，正值寒冬季节，这一时期为幼苗的休眠期。此期一定要注意防寒保墒，可采取冬前浇足冻水，畦面覆盖马粪、畦后设风障等措施来保证幼苗安全越冬。

从返青到定植为幼苗生长旺盛期。此期气温上升，当日平均气温达到7℃以上时，幼苗返青并迅速生长，这是培育壮苗的关键时期，要加强田间管理，及时间苗、除草。

(3)葱白形成期　定植后，幼苗经短期缓苗后恢复生长，进入葱白形成期。前期正值夏季，高温高湿，土壤通气不良，易出现烂根、黄叶甚至死苗现象，此时植株生长较缓。进入秋季后，温、湿度适宜，叶片迅速生长。白露前后是大葱的最适生长季节，大葱最终高度和重量取决于这一时期，同时这也是肥水管理的关键时期。为确保假茎在这一时期能迅速伸长和增粗，需要采取分期培土、加强水分管理、追施微肥和生物菌肥等措施。当气温降至4℃～5℃时或遇到霜冻时，叶身生长停止，葱白的生长速度也随之下降，大葱进入收获期。

(4)休眠期　从收获到第二年春天萌发新叶和抽生花薹，大葱在低温条件下进入休眠状态。这个时期，寒冷地区供食用的大葱已收刨贮藏，作种株的也收刨贮藏越冬，不太寒冷的地区植株可就地越冬。

(5)开花结籽期　大葱在贮藏期间感受低温并通过春化阶段，形成花芽。第二年春天栽植后，在较高温度和长日照下，大葱抽薹开花，并形成种子，完成整个生育周期。

3. 环境条件与栽培　大葱对温度、光照、水分和土壤适应性较广，但在适宜条件下才能优质高产。

(1)温度　大葱具有抗逆性，既耐寒，又耐热。大葱在不同的生育阶段对温度的要求不同：在营养生长时期，凉爽的气候对大葱的生长最适宜；种子发芽的最适温度为13℃～20℃，只需8天左右便可出土;种子在 4℃～5℃也可发芽,但发芽时间延长。植株生长的适宜温度是 20℃～25℃,低于 10℃则生长缓慢,高于 25℃会导致植株抗性降低而容易感病,同时植株细弱,叶色发黄。如果生长期间的气温超过 35℃,则会使植株处于半休眠状态。大葱成株可耐－10℃的低温,处于休眠状态的植株甚至可耐受－30℃的低温。大葱属绿体春化植物,3 叶以上的植株于 2℃～5℃的低温经 60～70 天可通过春化阶段。如果秋季播种太早,植株的营养物质积累多而使植株较大,这会造成大葱在当年越冬就通过春化阶段,从而发生先期抽薹现象,失去商品价值。因此,要控制越冬前幼苗的大小。

(2)水分　大葱根毛少,吸水吸肥能力差。根系大多分布在土壤表层,喜湿,要求有较高的土壤湿度,但根系又怕涝,高温高湿则极易引起根系死亡,因此水分管理极为重要。大葱叶身管状且表面多蜡质,能减少水分蒸腾,故耐旱。大葱在生长期间的空气相对湿度一般为 60%～70%,太高或太低均影响其生长。

由于大葱在不同的生育阶段对水分的需求不同,所以要针对不同的生育阶段进行正确的水分管理。发芽期要求有适宜的土壤湿度,以利于种子萌芽出土。幼苗生长前期,可适当控制水分,土壤要见干见湿,以防止幼苗徒长或秧苗生长过大。越冬前要浇足防冻水,返青时需浇返青水,缓苗期则以中耕保墒为主。在植株的旺盛生长期,应适当增加浇水量和浇水次数,以满足植株对水分的需求。葱白形成期是水分需求的高峰期,一定要保持土壤湿润,否则,会使植株较小,辛辣味浓而影响产品品质。但大葱根系又极怕涝,因此在高温高湿的气候条件下要注意浇水次数并及时排水,保持土壤湿润和通气良好。收获前,要减少浇水量,防止大葱贪青而影响其贮藏品质。

(3)土壤　大葱对土质要求不严格,但土质疏松透气、土层深厚、富含有机质且保水能力强的土壤对其生长最为适宜。砂壤土因其土质疏松，透气性好而有利于大葱生长。沙质土和黏重土壤均不利于大葱生长。大葱生长要求中性土壤，土壤 pH 值以 7 左右为宜，pH 值低于 6.5 或高于 8.5 对种子发芽、植株生长均有抑制作用。

大葱喜肥，并要求氮、磷、钾均衡施用。在生长前期对氮肥要求较多，后期则需较多的磷、钾肥。特别要注意磷肥的施用，因为缺少磷肥会导致植株生长不良、产量下降。同时，要注意葱地硫元素的含量，土壤缺硫，将影响大葱增产效果。

(4)光照　大葱对光照强度要求不高，光补偿点为 1 200 勒，光饱和点为 25 000 勒。强光对大葱生长有不利的影响，会造成叶身老化，纤维增加，品质下降，甚至丧失食用价值。大葱对日照长度的要求为中光性，只要在低温下通过了春化，不论在长日照或短日照下均能正常抽薹开花。

(二)大葱周年生产的茬次安排

不同地区栽培大葱的时间不同(表 3-1)，同一地区在不同栽培季节可采取不同的栽培方式(表 3-2)。

表 3-1　我国北方不同地区大葱栽培时间安排

(摘自蔬菜栽培学・北方本)

地　区	播种期	定植期	收获期	主要品种
北　京	9月中旬	翌年 5～6月	10月下旬至11月上旬	高脚白
济　南	9月下旬或3月上旬	翌年6月下旬至7月上旬	11月上中旬	章丘大葱
郑　州	9月下旬或3月上旬	翌年6月下旬至7月上旬	11月中旬	章丘大葱
西　安	9月下旬或3月中旬	翌年6月下旬至7月上旬	10月下旬至11月上旬	梧桐葱、华县谷葱
太　原	9月中旬	翌年6月中下旬	10月中下旬	海阳葱

续表 3-1

地 区	播 种 期	定 植 期	收 获 期	主要品种
沈 阳	9月上旬	翌年6月中旬	10月上旬	
长 春	8月下旬	翌年6月中旬	10月中旬	
哈尔滨	8月下旬	翌年6月上旬	10月中旬	鸡腿葱
乌鲁木齐	8月下旬或9月上旬	翌年6月中旬	10月中下旬	
呼和浩特	9月上旬	翌年6月中旬	10月上旬	

表 3-2 大葱周年生产基本茬次表

(程玉芹等,2003)

栽培方式	播 种 期	定 植 期	供 应 期	备 注
露地春小葱	9月上旬至下旬		翌年4月上旬至5月中旬	
中小拱棚春小葱	9月上旬至下旬		翌年3月上旬至4月下旬	
羊角葱	9月上旬至下旬	10月下旬至11月上旬	翌年3月上旬至4月下旬	
夏大葱(伏葱)	9月上旬至下旬	翌年4月中下旬至6月中下旬	6月中下旬至10月中旬	分期育苗,分期定植
秋大葱(干葱)	9月上旬至下旬	翌年5月下旬至6月下旬	10月下旬至翌年3月下旬	秋播育苗
秋大葱(干葱)	3月上旬至下旬	5月下旬至6月下旬	10月下旬至翌年3月下旬	春播育苗

大葱忌重茬,农谚有“辣怕辣”之说,不仅葱与葱不应连作,而

且也不与其他葱蒜类作物连作。一般需进行3～4年轮作,前茬可以是瓜类、豆类、叶菜类和粮食作物。大葱对光照强度要求不高,光饱和点较低,故可与其他作物如甘蓝、茄子、番茄等间作套种。大葱种子较小,种皮坚硬,吸水能力差,贮存的养分少,出土较慢,出土后生长较缓慢,同时苗期也较长。所以,大葱生产一般采用先育苗后移栽定植的方式。

(三)大葱越冬栽培技术

1. 品种选择 选择抗逆性和抗病虫能力强、适应性好、产量高、耐贮藏、品质和商品性好的优质抗性品种,如章丘大葱、赤水孤葱、大梧桐等。并选用当年新收获的新种子。

2. 栽培时间 以春、秋季播种为主。北方的大葱以秋播、夏播为主,第二年入冬收获。南方则春播和秋播,秋播的在第二年入冬时收获,春播的当年收获。秋季育苗,根据各地的纬度不同,播种期也不同:北纬36°～42°地区,播种期从8月下旬至9月下旬;北纬34°～40°地区,春季育苗播种期为3月中下旬。

春播大葱与秋播大葱的差异主要表现在幼苗期。秋播大葱幼苗期要经过冬前苗期、越冬期、返青期,而后进入葱苗旺长期,技术上要求幼苗在越冬前长出的叶数不能超过3片,否则在春季会出现先期抽薹的现象。春播大葱发芽出土后,就很快进入幼苗旺盛生长期。

3. 播种育苗

(1)苗床准备 苗床地块土壤应卫生、无病虫寄生和不存在有害物质,其土壤环境质量应符合农业部发布的NY 5010－2002蔬菜产地环境条件的规定。在此基础上,要选择高燥、地势平坦、质地疏松、肥力中等、土层深厚的中性或微碱性土壤,同时3年内未种过葱蒜类蔬菜。基肥以优质有机肥、常用化肥、复混肥为主,在中等肥力条件下,结合整地,一般每667平方米撒施优质有机肥

2 000～3 000 千克，缺磷地块，还可施入过磷酸钙 40 千克。施肥后耕翻晒垡，使土壤和肥料充分混匀，然后耕耙做畦。畦宽 1 米，长 8～10 米，踩实畦埂，埂高 10 厘米，埂底宽 25 厘米。畦不能过长，否则不易整平，灌水时易冲刷伤苗，过宽会导致间苗，除草不方便。

(2)种子处理　播种前要测定种子发芽率和发芽势，以便确定播种量。播种通常用干种子，播前也可先进行种子消毒处理。具体做法是：将大葱种子在 40%甲醛 300 倍液中浸泡 3 小时，捞出用清水冲洗净，晾干后播种。也可将大葱种子用 0.2%高锰酸钾溶液浸泡 20～30 分钟，捞出用清水洗净，晾干后播种。采用这两种方法可有效地杀死种子表面的大部分病菌。

(3)播种育苗　播种方法有撒播和条播两种。撒播是先在播种畦内拢起一层细土作覆土。畦内灌足水，然后把种子均匀撒上，再覆土 1～1.5 厘米厚。这种做法墒情好，覆土不板结，覆土均匀，出苗率较高。当土壤墒情好时，也可不灌水，先撒种，再盖土、踩实，这叫干播法。条播是在畦内按 15 厘米左右的行距开深 1.5～2 厘米的浅沟，种子播在沟内，搂平畦面，踩实后浇水。播后要立即覆盖地膜或稻(麦)秸，当 70%幼苗顶土时，再撤除床面覆盖物。

使用发芽率 80%左右的种子，秋播用种量每 667 平方米为 1 000 克，春播用种量每 667 平方米为 800 克。

(4)苗期管理

①冬前管理　为了使幼苗安全越冬，须使幼苗在越冬前具有 2～3 片真叶，株高 10 厘米左右。但如果幼苗徒长过大，可感受低温而通过春化阶段，以后随着天气转暖易发生先期抽薹现象。所以，既要保证越冬幼苗有足够的生长量，又不能使幼苗徒长。播种后，苗床土壤应保持湿润，防止床土板结。幼苗伸腰时应灌 1 次，以利于种子伸直，扎根稳苗。真叶长出后，根据天气情况灌水 1～2 次，水量不宜过多，以免秧苗徒长。秋播秧苗越冬前要灌 1 次水，但时间不宜过早，水量不宜过大，防止因灌水而降低地温。越

冬前是否对幼苗追肥,要看实际情况而定,如果苗床施足了基肥,一般不需追肥,防止幼苗过大或徒长,如果苗小且基肥不足,可随浇冻水追肥1次,寒冷地区可覆盖马粪和设立风障防寒。

大葱播种后,出苗慢且叶小,苗龄长,加之土壤肥沃、湿润,因此,地面容易生杂草。大葱安全生产一般不提倡化学除草,应尽量采用人工除草或加覆盖物除草等物理防治方法除草。

②春季苗田管理　当春季日平均气温达13℃时,把覆盖物如马粪、碎草等搂出畦外,修好畦埂,把畦面耙搂一遍。然后浇返青水,返青水不能浇得过早,以免降低地温。有条件时,可结合浇返青水,每667平方米冲施腐熟有机肥300～500千克,然后中耕、间苗、除草。间苗一般在蹲苗前进行,间苗时要拔除弱苗、病苗、密苗、不符合品种特性的苗,间开双苗,保持行株距2～3厘米,防止幼苗因间距太小而生长瘦弱、徒长。但同时要注意不能使幼苗过稀,否则会造成苗数少而浪费土地。当苗高达20厘米时,再间1次苗,保持株距7～8厘米。

秋播苗在浇过返青水后,蹲苗10～15天,使幼苗生长粗壮,为下一阶段生长打下基础。蹲苗后幼苗进入各类旺盛生长期,要增加浇水次数,保持土壤见干见湿。在幼苗旺盛生长开始时,应顺水施肥,每667平方米施尿素20千克,接着浇水2～3次。为了增强葱苗的抗病力,可用草木灰过滤液喷施叶面,以补充钾肥,从而有效地减少葱叶干尖、黄叶的发生。每667平方米可用7～8千克草木灰溶于15升水中并过滤,在滤液中再加入150升水,用于叶面喷施。

春播育苗要保持出苗期间土壤湿润,以利于出苗。如果播种后全畦用地膜覆盖,出苗效果好,但幼苗出齐时要及时撤除地膜。苗出齐后及时浇水,到3片真叶时控制浇水,促进根系发育。3叶期后要供给充足的肥水,以加速幼苗生长。

当幼苗高达50厘米、具8～9片叶时,要在定植前15天左右停止灌水锻炼幼苗,使叶片老健,假茎紧实,以利于移栽。定植的壮苗标准是:单株平均重 40 克左右,高约 50 厘米,葱白长约 25 厘米,葱白直径约 1 厘米,管状叶色浓绿,每株不少于 5～6 片,具有本品种的典型性状。

4. 定 植

(1)定植期 大葱定植期的确定,一是要根据当地的气候条件,保证在停止生长前(日平均气温 7℃)有 130 天以上的生长时间;二是育苗方式,春播育苗一般比秋播育苗的苗子小,故定植期应晚 15 天左右。华北地区多在 6 月上旬至 7 月上旬定植。定植过早,葱苗较小,生长缓慢。定植过晚,秧苗徒长,栽苗困难,易倒伏,且缓苗期正值高温多雨,幼苗易感染病害和因田内积水沤根致死。一般应在适期内及早定植,这样当雨季和高温来临时,葱苗已缓苗返青。入秋转凉时,植株已形成强大的根系,可迅速转入葱白生长旺盛期。山东大葱前茬一般为小麦,麦收后应立即整地定植,否则,可能遇连阴天而造成栽植困难。株型较小的鸡腿葱,可延迟 10 余天定植。

(2)整地做畦 大葱定植土壤要求与苗床地相同。每 667 平方米施 5 000～6 000 千克充分腐熟的有机肥,结合耕翻使土肥充分混匀。定植沟的沟距与大葱品种、所培育假茎的长短有关:短葱白的品种适宜用窄行浅沟;长葱白品种,对葱白要求不高时,可窄行浅沟;对大葱的商品质量要求高时,可用宽行深沟。栽植沟为南北向,可使大葱受光均匀,并可减轻秋、冬季的强北风造成的大葱倒伏。开好定植沟后,把垄背拍光踩实,以便于定植操作。同时,要注意有合适的株距和行距,以保证在拥有较高质量的前提下有较高的产量。一般鸡腿葱要求的株行距为 5～6 厘米×50～55 厘米,挖沟深 8～10 厘米;长葱白的株行距为 5～6 厘米×70～80 厘米,挖沟深 15～20 厘米;短葱白的密度介于前两者之间。

(3)起苗分级 起苗移栽前育苗畦如果过于干旱,应先灌 1 次水,使起苗时干湿适宜,但也不能太湿,否则会造成根系带泥土不便分级和栽苗。起苗时,除去病苗、弱苗、残苗和抽薹苗,根据葱苗的大小和长短分成3级,分别栽植。一级苗株高60厘米以上,单株重60克以上,6片叶以上,葱白长约30厘米,直径1.5厘米以上;二级苗株高约50厘米,单株重约40克,5片叶,葱白长约25厘米,直径1厘米;其余的为三级苗。大小苗要分别栽植,大苗应略稀,小苗应稍密,三级苗尽量不用。

起苗时要边刨边运,随运随栽,以利于缓苗。葱苗忌长时间堆放或暴晒,当天用不完的葱苗应放在阴凉处。

(4)定植方法　大葱的定植方法有插葱和排葱两种。鸡腿葱和短葱白类型的大葱品种用排葱法较为适宜。其具体方法是:沿着葱沟壁陡的一侧按株距摆放葱苗,葱根稍压入沟底松土内,再用小锄从沟的另一侧取土,埋在葱秧外叶分杈处,用脚踩实,顺沟浇水。或先引水灌沟,水渗下后摆葱秧盖土。排葱法具有栽植快、用工少的优点,但缺点是葱白下部不直,影响外观质量。插葱法适用于长葱白品种,具体方法是把葱苗基部放在栽植处,用木棍下端压住葱根基部垂直下插,葱苗随木棍进入沟底的松土中。先灌水,待水渗下即插为"水插",先插栽,后浇水为"干插"。插葱时,葱叶的分杈方向要与沟向平行,便于田间管理时少伤叶。

葱苗的插葱深度以心叶处高出沟面7～10厘米为宜。栽得过深,不利于缓苗,根系易因氧气不足而生长不旺,甚至腐烂;过浅,以后容易倒伏,不便培土而降低葱白长度。为了防治地下害虫如韭蛆等的为害,可在栽植时将葱秧用40%乐果乳油600倍液或20%氰戊菊酯乳油2000倍液浸泡1～2分钟。

(5)栽植深度　首先要确定对大葱个体产量的要求。在现有栽培技术条件下,以平均单株鲜重250克(假茎重150克)左右作为个体产量指标较为适宜,以达到这一指标的密度上限为每667平方米20000株左右。一般长葱白品种每667平方米栽植

18 000～23 000 株，短葱白型品种每 667 平方米可栽植 20 000～30 000 株。定植早的可适当稀一些，定植晚的可适当密一些；大苗适当稀植，小苗适当密植。

5. 田间管理

(1)培土　培土是大葱重要管理措施之一。培土有软化叶鞘、防止倒伏、提高葱白质量和产量的作用。一般来说，在肥水供应充分的条件下，培土越深，葱白越长，组织越充实越洁白。但葱白的长短主要取决于品种特性、肥水管理和有无病虫害等因素，培土可加长假茎的软化部分，但对其总长度没有明显的影响。所以，培土的高度要适当，在第一、第二次培土时，气温高，植株生长缓慢，培土应较浅；第三、第四次培土时，植株生长快，培土可较深。每次培土只埋叶鞘，勿埋叶片(图 3-2)。短葱白品种培土高度(假茎埋入土中的长度)一般为 20 厘米，长葱白品种的培土高度一般为 30～40 厘米。

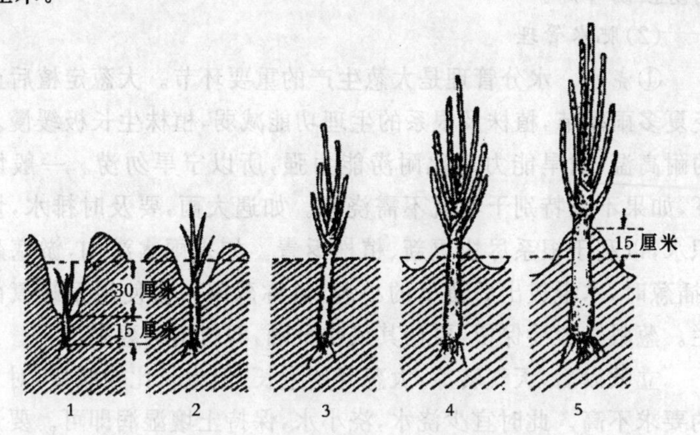

图 3-2　大葱培土过程示意图

1. 培土前　2. 第一次培土　3. 第二次培土　4. 第三次培土　5. 第四次培土

(引自《蔬菜栽培学·北方本》)

培土必须于葱白形成期进行并结合浇水施肥，在立秋、白露和秋分分别进行。高温季节不可培土，否则假茎埋入土中过深易腐烂。同时，培土应在上午露水干后、土壤凉爽时进行。培土次数不宜过多，频繁培土不仅增加工作量，而且会伤根伤叶，影响葱的生长，一般为 3～5 次。华北地区从 8 月上旬开始培土。短葱白品种到 9 月初培土 2 次，而后平沟；9 月中下旬再培土 1 次。长葱白品种从 8 月上旬至 9 月上旬培土 3 次，而后平沟，到收获前再培土 2 次。

培土时要注意以下几点：①取土宽度不要超过行宽的 1/3，深度不超过沟深度的 1/2，以免伤根。②培土后要拍实葱垄两肩的土，防止浇水后引起塌落。③培土应在土壤水分适宜时进行，如土壤过湿易成泥浆；土壤过干，土面板结，不利于田间操作。④培土宜在下午叶片柔软时进行，忌在上午露水大、叶片脆嫩时培土，否则易损伤叶片。

(2)肥水管理

①浇水　水分管理是大葱生产的重要环节。大葱定植后正值炎夏多雨季节，植株及根系的生理功能减弱，植株生长极缓慢。葱的耐高温、耐旱能力远比耐涝能力强，所以宁旱勿涝。一般情况下，如果不是特别干旱就不需浇水。如遇大雨，要及时排水，切忌积水，以利于根系尽快更新、植株返青。如果雨水灌沟，淤塞葱眼（插葱时，木棍拔出后留下的小洞，俗称葱眼），会使根系缺氧而腐烂。葱眼一般要保留，要让其风吹日晒，即所谓晒葱眼。

立秋以后，天气转凉，大葱开始生长，但生长比较缓慢，对水分的要求不高。此时宜少浇水，浇小水，保持土壤湿润即可。要选择清晨浇水，避免中午浇水，否则会导致土壤过快降温而影响根系生长。

白露前后，昼夜温差加大，大葱进入生长旺盛时期，平均 7～8 天可长出一片叶片，这也是葱白形成的重要时期，需要大量的水分和养分。一般4～5天浇1次水，且要灌大水，要浇足灌透。灌水时间宜选择在早晨，此阶段共需灌水7～10次。

寒露以后，天气日益冷凉，大葱基本长成，管状叶面积的增长已趋于最大，且开始缓和，生长减慢，需水量减少。此时需减少灌水次数，灌2次水即可。但要保持土地不见干，如果缺水，则叶片软，葱白松软，产量低，品质变劣。收获前7～10天停止灌水，防止植株含水量过多而不利于贮藏运输。

水分对大葱的产量和品质的形成至关重要。水分充足时，大葱叶色深，蜡粉厚，叶内充满无色透明的黏液，葱白也显得洁白而有光泽，平滑而细致，即使经过几次重霜，葱叶也不会萎垂；水分不足时，叶细、发黄，产量和质量均随之下降。

②追肥　根据前茬地力和基肥情况追肥2～3次，并按照植株的生长发育阶段，分期进行。一般在秋凉以后，结合灌水、培土等开始追肥。第一次追肥在立秋后，每667平方米施50～100千克的油饼，或充分腐熟的人粪尿土1 500千克。如果土壤缺磷，需加施过磷酸钙25～40千克。严禁使用未充分腐熟的人粪尿，禁止将其直接浇或随水灌在大葱上。追肥要结合中耕进行，使肥料与土壤混合均匀，而后灌水。这次追肥可促叶片生长，为葱白的膨大打好基础。

白露以后，气温凉爽，植株生长加快，大葱进入葱白生长的旺盛期，这是大葱产量形成最快的时期，应追施攻棵肥2次左右，氮、磷、钾肥要齐全。第二次追肥，每667平方米可施尿素15～20千克、草木灰100千克，施于葱的两侧，而后中耕培土，然后灌水。施用草木灰时，最好用未经雨淋的干灰，用水拌湿，撒入沟内，并结合培土将灰掺匀，以防灌水时把灰冲掉。第三次追肥在9月下旬或10月上旬进行，每667平方米可施尿素8～10千克，撒在行间沟底，结合中耕，将肥料埋入土中，而后灌水。注意在每次追肥后及时灌水，可促进肥料分解，以利于根系吸收。如果最后一次追肥是化肥，则追肥的时间应在收获前 30 天进行。

6. 采　收

(1)采收时间　根据市场的需要，随时采收葱上市。华北地区 9～10 月份以鲜葱上市，鲜葱叶绿质嫩，含水量大，即购即食，不能久贮。供越冬贮藏上市的葱，要尽量延迟采收时间。如收获过早，气温尚高，不易贮藏，而且心叶还在生长，葱白未充分长成将降低产量；收获过晚，葱白易失水而松软，影响产量和品质，特别是土壤结冻，不但不便于收刨，收刨后会因冻而腐烂。适宜的采收期为土地即将封冻前，气温下降至 12℃～8℃，植株地上部生长明显停滞，此时葱已长足，管状叶由厚变薄，呈现半枯黄状态时为采收适期。

(2)采收方法　露水干后，可用铁锨将葱垄一侧挖空，露出葱白，用手轻轻拔起，避免损伤假茎，拉断茎盘或断根。收获后应抖净泥土，按收购标准分级，保留中间 4～5 片完好叶片。每 20 千克左右一捆，用塑料编织袋将大葱整株包裹好，用绳分 3 道扎实，不能紧扎，防止压扁葱叶。运输时，将包裹好的葱捆竖直排放在车厢内，可分层排放，不要平放、堆放。

(四)大葱四季栽培技术

1. 品种选择　四季栽培要选择耐寒、耐旱、耐热、适应性强、葱白长、不分蘖的品种，如中华巨葱、章丘大葱(高脚白)或地方农家品种鞭杆葱。分葱品种不宜作四季栽培。

2. 栽培方式

第一种方式：1～3 月，在简易日光温室内播种，平畦撒播，3～5 月小青葱上市。

第二种方式：3 月中下旬，小拱棚内播种，平畦撒播，6 月小青葱上市。也可在 6 月上中旬移栽，10～11 月收获上市或冬贮。

第三种方式：4 月上旬露地播种育苗，6 月中下旬宽畦密植移栽，露地越冬，翌年3～4月摘除花蕾，4～5月青葱上市。

第四种方式：7～8月播种育苗，9～11月上旬移栽，密植(株距3厘米)，露地越冬，翌年3～4月摘除花蕾，5～7月青葱上市。

第五种方式：9月中下旬播种育苗，苗床露地越冬，翌年3～4月小青葱上市。

第六种方式：9月中下旬播种育苗，翌年4月中旬移栽，7～8月收获青葱上市，或6月移栽，10～11月收获上市和冬贮。

第七种方式：8月下旬至9月上旬日光温室内播种，10月中旬扣棚，12月至翌年2月小青葱上市。

3. 管理技术

(1)*冬春季苗床管理*　越冬前秧苗应有2～3片叶，根据气温和土壤湿度在封冻前灌一次越冬水，再覆盖一层腐熟的农家肥，保墒保温，确保秧苗安全越冬。春季气温升高，秧苗进入快速生长时期，一是进行1～2次间苗，苗距为3厘米左右；二是结合灌水分2～3次追施速效氮肥或三元复合肥，每次每667平方米施10～15千克，促秧苗快速生长，或采收小青葱上市，或培育健壮秧苗以备移栽。

(2)*夏季苗床管理*　夏季育苗处于高温多雨季节，管理的关键是做好三防：一防病虫害；二防草害，防止“草吃苗”，播种后出苗前，每667平方米用33%二甲戊灵乳油100毫升喷雾封闭土壤，并结合人工拔草2～3次，彻底消灭杂草；三防水渍，苗床要做到旱能灌、涝能排，切不可让苗床积水。

(3)*移栽*　移栽前要施足基肥，每667平方米施腐熟的优质农家肥6 000千克、磷肥30千克、三元复合肥50千克，用基肥总量的1/3普遍撒施，2/3集中沟施。移栽时要将秧苗分级，大、小苗不能混栽。作青葱上市的可适当密栽，行距60～70厘米、株距3～4厘米；作成葱上市的，则行距为80厘米、株距5厘米。移栽后要及时中耕松土、平垄，破除板结促进根系生长；结合灌水追施速效三元复合肥，每 667 平方米追施 30 千克；视秧苗生长情况及时培土，促进葱白形成。

(4)重茬地土壤处理技术　种植大葱不宜重茬，否则将严重影响产量，如果重茬种植，必须对土壤进行处理：一是增施腐熟的农家肥和磷、钾肥，补充大葱生长所需的微量元素，如硫、锌、钙、镁、铁，促使大葱健壮生长，提高抗病能力；二是用嗯霉灵对土壤进行杀菌处理，移栽前沟施辛硫磷杀灭地下害虫。

(五)出口大葱优质高产栽培技术

1. 选用良种与培育壮苗

(1)选用优良品种　出口的大葱对品种要求严格，通用标准是植株完整、紧凑、无病虫害，叶肥厚、叶色深绿、蜡粉层厚，成品叶身和假茎长度比约为 1.2～1.5∶1；假茎长 40 厘米，直径 2 厘米左右，洁白、致密。用手握大葱假茎基部，能保持植株挺立 5 秒钟以上，以假茎不弯曲、不折断为好。常用的品种有元藏、吉藏、白树、小春、九条太等(以上大葱品种的种子均从日本进口)。

(2)整地做畦　从日本进口的大葱种子价格昂贵，生产上应育苗移栽。苗床宜选土质疏松肥沃、地势平坦、排灌方便的砂壤土。播前 5～7 天整地做畦。栽植 667 平方米大葱需苗床面积 80 平方米。每畦施用高温发酵的秸秆堆肥 100 千克或充分腐熟的农家肥 300～400 千克，过磷酸钙 3 千克，浅耕耙平后做畦，用脚按顺序轻轻踩实，使畦面外实里松、平整，防止局部积水。

(3)浸种　使用当年新种，栽植 667 平方米大葱用种 75 克。播种前浸种消毒，一是用 40％甲醛 300 倍液浸种 3 小时，浸后用清水冲净，可预防紫斑病；二是用 0.2％高锰酸钾溶液浸种 25 分钟，再用清水冲净，可杀死种子表面的病原菌；三是用 3 倍于种子量的 65℃温水烫种 25 分钟，不断搅拌。经浸种后的种子可提前 1～2 天出苗。

(4)**播种育苗** 多用撒播,播前畦内灌足底水,待水充分渗完后,将种子掺细干土或细沙撒种,覆土厚度1厘米,而后覆地膜或扣拱棚以增温保墒,保持土壤水分充足,表土不板结,以利于出苗整齐。大葱育苗期间严禁使用除草剂,保护地内育苗尤其应引起重视,否则极易失败,造成损失。大葱出苗后,及时撤去地膜,防止烤苗。当幼苗具2～3片叶时,结合浇水,追施1～2千克尿素,无须间苗。当幼苗长至40厘米,已有6～7片叶时,应停止灌水,适当炼苗,准备定植。

2. 合理安排茬口,周年栽培 出口大葱要求周年均衡供应,仅靠露地栽培不能满足出口的要求,生产上要结合保护地设施,实现周年栽培,周年供应,以满足市场需求。一般春季2～3月份用冬暖式大棚育苗,苗龄50～60天,定植于拱棚内,8月份收获;或3月底至4月初小拱棚育苗,苗龄60～70天,麦收后定植于露地,10月收获;也可9月下旬露地育苗,自然越冬,翌年6月定植于露地,9～10月收获;还可于9～10月小拱棚育苗,苗龄50～60天,定植于冬暖式大棚,翌年3～4月收获。

3. 整地施肥,宽行密植 当前茬作物收获后,及时清整田园,每667平方米施用高温发酵堆肥2 000千克或优质农家肥5 000千克,过磷酸钙50千克、硫酸钾复合肥50千克、硼砂2千克,深翻耙平。出口日本的大葱要求葱白细长,生产上应采取宽行密植法。露地栽培按行距1米,保护地栽培按行距90厘米开深沟,沟深15～20厘米,南北行向。定植前,首先剔除病弱苗、畸形苗和杂株,按苗大小分成大、中、小3级分别栽植。定植时用甲基硫菌灵可湿性粉剂600倍液蘸根。插葱时应垂直,不能弯曲。为方便通风透光和培土,应保持葱苗植株叶片切面与行向呈偏西45°角。株距2.5～3厘米,每667平方米栽22 000～25 000株。

4. 田间管理

(1)**浇水** 大葱定植缓苗期一般不灌水,让根系迅速更新,植株返青。葱白生长初期，植株生长缓慢，对水分要求不高，应少灌水，并于早晚灌水，中午不要灌水，以免骤然降低地温，影响根系生长，此期灌水2～3次即可。葱白旺长期，此时植株生长迅速，平均7～8天长出1片新叶，叶序越高，叶长越长，叶子寿命越长。此刻葱叶葱白迅速生长，需水量大，应结合追肥、培土，每4～5天灌一次大水。生产上通过观察心叶与最高叶片的高度差来判断大葱是否缺水，一般以高度差在15厘米左右为水分适宜，若超过20厘米，说明缺水，心叶生长速度变缓，应及时灌水。葱白充实期，植株生长缓慢，此刻养分从叶片回流至葱白内，需水量减少，但仍然需要保持较大的土壤湿度，以保证葱白灌浆，叶肉肥厚，充满胶液，葱白鲜嫩肥实。此时浇水2次即可。收获前7～10天停止灌水。

(2)追肥　出口大葱喜氮、钾肥。据分析，每1 000千克大葱产品需从土壤中吸收氮(N)3千克、磷(P)0.55千克、钾(K_2O)3.33千克。适时追肥是满足大葱生长发育，获得高产优质的重要措施。在葱白生长初期，以氮肥为主，每667平方米施尿素20千克或硫酸铵25千克，忌施碳酸氢铵，否则葱白细软，不符合出口要求。在葱白旺长期，氮、磷、钾要配合使用，结合培土，每667平方米分3次追施三元复合肥50千克或酵素菌肥80千克，也可用0.5%硼砂溶液叶面喷洒，每667平方米喷液量50升，每10天左右喷1次，连续施用2～3次，以保证大葱植株健壮，成品率可提高10%左右。

(3)培土　培土能够软化葱白，改善品质，但不能使葱白加长。培土应适当，一般在追肥灌水后进行，应掌握前松后紧的原则，生长前期培土不能太紧实，否则易出现葱白基部过细、中上部变粗的现象而影响质量。培土应在土壤水分适宜时进行，过干过湿均不宜培土；且应在午后进行，此时培土不会损伤植株。一般培土4～6次，前2次陆续填平垄沟，以后培土要适当压紧实。每次培土厚3～5厘米，将土培至叶鞘与叶身的分界处略下，勿埋没叶身，以免引起叶片腐烂和污染葱白。培土时,取土宽度勿超过行距的1/3,以免伤根;培土后及时喷药防病。

5. 防治病虫害 出口日本的大葱抗病性强,病害较少。但由于出口标准高,部分商家对农药残留有要求,生产上应切实注意对病虫害,以预防为主。发现病虫害后,多采用高效低毒残留少的生物农药或天然植物源杀菌剂,少施用化学农药。大葱常见的病害有紫斑病、霜霉病、白尖病(白色疫病),保护地内易患灰霉病。防治紫斑病,常用75%百菌清可湿性粉剂500～600倍液,或64%噁霜·锰锌可湿性粉剂500倍液,或50%腐霉利可湿性粉剂1 500倍液,或50%异菌脲可湿性粉剂1 000倍液喷洒。防治霜霉病,常用50%甲霜·铜可湿性粉剂800倍液,或72.2%霜霉威水剂800倍液喷洒。防治白尖病,可用77%氢氧化铜可湿性粉剂500倍液,或72%霜脲·锰锌可湿性粉剂800倍液喷洒。防治灰霉病,可用50%腐霉利可湿性粉剂2 000倍液喷洒。但由于灰霉病易产生抗药性,应尽量减少用药量和施药次数;必须用药时,要注意轮换,交替或混合用药,生产上通常喷用50%异菌脲可湿性粉剂2 000倍液+25%乙霉威可湿性粉剂1 000倍液或65%硫菌·霉威可湿性粉剂1 000倍液,效果良好。大葱常见的虫害有葱蓟马、葱蝇和斜纹夜蛾幼虫,常用的农药有50%辛硫磷乳油1 000倍液和2.5%高效氯氟氰菊酯乳油4 000倍液。

6. 适时收获,及时贮运加工 大葱收获时,可用铁锨将葱垄一侧挖空,露出葱白,用手轻轻拔起,避免损伤假茎,或拉断茎盘或断根。收获后应抖净泥土,按收购标准分级,保留中间4～5片完好叶片。每20千克左右为一捆,用塑料编织袋将大葱整株包裹好,用绳分3道扎实,注意不要紧扎,防止压扁葱叶。运输时,将包裹好的葱捆竖直排放在车厢内,可分层排放,不能平放和堆放。运至加工厂后立即加工。先用利刀快速切去根毛,保留部分根盘。用高压剥皮枪从大葱杈裆部将皮剥开,保留三叶。用干净纱布擦净葱白上的泥土。成品的标准是:葱白直径 1.8～2.5 厘米,长度 35～45 厘米,叶长 15～25 厘米。沿切板上的标准,将长叶按规格要求切去,叶要齐。用符合国际卫生标准的材料捆扎,一般每 330 克为 1 束,每 15 束为 1 箱。将大葱入库彻底预冷,温度设定为 5℃,装运集装箱时,温度设定为 1℃～3℃。

(六)小葱栽培技术

在没有葱成株供应的季节,华北地区 3～9 月份为满足市场需要,培育葱幼苗,以嫩叶和幼葱白供食用的栽培方式为小葱栽培。山东地区把 3～4 月份上市的小葱称为羊角葱。羊角葱是比一般小葱秧稍大,但又不是成株的葱秧,以嫩叶和假茎兼用供食。

1. 羊角葱栽培技术 羊角葱在山东地区是一年中收获最早的一茬葱。在 3～4 月份上市,正值蔬菜淡季,需要量大,经济效益较高。

羊角葱一般在 5～6 月播种,8～9 月定植,定植方法有开沟行栽和平畦撮栽两种,具体方法与夏秋葱相同。需要提早收获供应时,可选用返青早、生长快的品种;需要延迟收获供应时,可选用抽薹晚的品种。

羊角葱的育苗与冬葱相同。定植时施足基肥,秋季旺盛生长期追 1～2 次肥,充分灌水。沟栽时,初霜期培土 1 次。土地封冻前灌越冬水。需要提早收获,可在畦上设置风障畦或风障阳畦,使植株提早返青生长。返青后灌 1～2 次水。长出 2～4 个叶时可随时收获,直到抽薹时为止。

2. 一般小葱栽培技术 一般小葱于 3～4 月播种,6～7 月收获;也可在 9～10 月播种,翌年 5～6 月收获,不进行移栽定植。此期间以没有长成的幼秧供应市场,以食嫩叶为主。

(七)大葱生产中常见的问题及防治措施

1. 大葱沤根　沤根是蔬菜育苗的常见病害之一,大葱成株期也同样常有发生。大葱沤根的防治措施如下:①稳定地温,促进壮苗发育,提高抗病能力,把苗田温度提高到20℃以上。②降低田间湿度。田间湿度过高是造成沤根的关键因素。苗田在灌足底墒后,尽量少灌或不灌水,必要时小水勤灌,切忌大水漫灌。阴雨天或田间湿度过大时可用草木灰或细干土撒于苗田,以降低田间湿度。③改善土壤通气条件。栽植大葱应尽量选择砂壤土,并大量增施腐熟有机肥以改善土壤结构,提高土壤缓冲能力,改善通气、透气条件,以减少沤根的发生。

2. 大葱葱白短细空

(1)产生原因

①品种类型　大葱分为长白和短白两种类型,葱白的长短和品种有关,在生产中应使用长白品种。

②土质与栽培条件不宜　选择的地块土质黏重,翻地浅且不细;生长期间中耕培土不及时,根下部土壤板结;栽种浅,行距小,基肥不足,追肥不多;没有灌溉条件,全靠自然降雨,一旦遇到旱情,大葱则脱肥、脱水,以上情况均易造成大葱葱白短细空,应注意避免。

③收获不适时　如收获过晚,葱白内贮藏的养分向下转移,葱白上部失水发软。为了抢市场提前收获时,会因绿叶中的营养物质还没有转移到葱白中,经晒干后大部分葱白会发空。

(2)防治措施　①选用优良长白大葱品种,如章丘大葱、谷葱(鞭杆葱)等。②选择土层深厚、土质肥沃、排水良好的地块,并要深耕细耙。一般深耕30厘米以上,挖深20～30厘米、宽15～30厘米以上、沟距为70～80厘米宽的垄,以便培土。栽前开沟施肥,每667平方米施粗肥1 000～5 000千克,而后再深松垄沟,使粪土结合。③在芒种至小暑期间定植，宜早不宜迟，定植过晚，葱白的形成期短，则葱白短、细，产量低；同时，秧苗易徒长，栽后天气炎热不易缓苗。④栽葱时要深栽浅埋，以便于以后分期培土。一般株距为1厘米，埋土深8厘米左右，以不埋住葱秧心叶为标准。栽前对葱秧要进行选择，选用茎粗1厘米左右，具3～4片叶，高为30～40厘米，没有病虫害的秧苗。⑤加强栽培管理。定植后到立秋前为缓苗越夏期，葱株处于半休眠状态，应加强中耕保墒，促进根系发育。天不过旱不灌水，立秋后到白露前，植株进入发叶盛期，8月下旬至9月下旬要加强肥水管理。每667平方米施15千克尿素，追肥后要及时埋土、培土、灌水，白露节后进入葱白生长期，施肥以速效氮肥为主，应勤灌水、重灌水，经常保持土壤湿润，以满足葱白生长的需要。⑥结合中耕进行培土。雨季来临前要把垄沟稍培出垄台，以防栽植沟中积水引起根茎腐烂。立秋后10～15天培一次土，培土是增加葱白长度的有效措施，共培3～4次。第一次要浅培，以提高地温；后两次多培土，特别是最后一次要尽量高培，但是不能超过心叶。⑦心叶停止生长，土壤上冻前15～20天为收获适期，一般在霜降到立冬收获。

3. 大葱的顽固虫害 为害葱的主要虫害有葱线虫、蓟马、葱斑潜蝇、葱蝇等，要及早防治，并注意施用低毒农药。在大葱收获前15天停用，以防止农药残留超过允许标准。防治方法参见第六章“葱姜蒜主要病虫害的诊断与防治”。

(八)大葱贮藏技术

由于大葱葱白可耐－30℃以下的低温，大葱在0℃以上的低温条件下，还可以慢慢缓解细胞，仍具有活力，所以用于国内销售的大葱冬季贮藏可用低温贮藏法和微冻贮藏法。低温贮藏的适宜温度为0℃，空气相对湿度为85%～90%；微冻贮藏适宜的温度为－3℃～5℃，空气相对湿度以80%左右为宜。

用于贮藏的大葱，应选假茎粗短、可溶性固形物含量高的品种。用于鲜销出口的原料大葱，因为要求组织鲜嫩、质地良好、无病虫害等，特别要求叶片不失水，因此，不能过久贮藏，基本上采取收后立即加工的做法，存放最多不超过 3 天，这种短期贮藏方法主要采用冷库贮藏法，即将无伤、无病虫害的大葱打包（用塑编袋将葱每 3～5 千克打成一捆），竖放于冷库内贮藏。库内温度保持 0℃～1℃、空气相对湿度为 80%～85%。

大葱批量贮藏主要利用冬季自然低温。常用的方法是：在建筑物背阴场地排放葱捆（根朝下竖立），以便于通风管理。结冻前葱捆可敞露，结冻后四周培土掩埋大葱假茎，上部盖草苫防雨防温度变化，使葱捆稳定在轻度冻结状态。整个贮藏期间不要反复解冻，以免降低质量。最好带冻运输和上市，食用前缓慢解冻，不仅损耗少而且品质显著好于室内干燥贮藏。在大葱冻结期间，若受挤压或搬动，则使大葱腐烂变质，不堪食用。因为大葱在冻结期间，只是细胞间隙的水分结冰，细胞壁并没有受到破坏，只要不搬动它，天气转暖后，细胞间隙中的冰就会融化成水，被细胞吸收，而大葱本身并不会因此而受到损伤。

二、分葱露地栽培技术

分葱别名为菜葱、杈子葱。原产于我国西部，现在主要在我国南方各地栽培。以食用嫩叶为主。在生产上往往按其生长季节分为夏葱、冬葱、四季葱、小葱等，其中夏葱能在 5～8 月的炎热夏天生长；冬葱以秋季生产为主，不耐寒冷；四季葱、小葱等一年四季均可栽培，但以 4～5 月栽培的品质为好。

（一）分葱栽培的基础知识

1. 植物学特性与栽培 分葱的根为宿根，母株的根系一般生长2年。母株一般于秋季以鳞茎播种，随着植株的生长，不断产生分蘖，直至第二年夏季分蘖结束进入休眠，母株的根系也就衰老而被淘汰。秋季用可以分蘖的鳞茎来播种。分葱形如大葱，但植株矮小丛生，一般株高40～80厘米，分蘖能力比大葱强。分葱的根系为弦线状的须根，分布在土壤表层，发根力强。茎盘随着植株生长而长大，须根也渐渐增多。

分葱的茎为短缩茎，茎的各节着生1片葱叶，葱叶的基部由于营养成分的积累而肥大，包裹着短缩茎。短缩茎为呈细纺锤形或圆形的鳞茎。鳞茎的颜色有白色、紫红色、赤褐色等，随品种的不同而异。当鳞茎播种后，植株生长到一定旺盛阶段，在短缩茎的各节，可发生分蘖，即使在抽薹开花期也可发生。一个鳞茎最多可产生10余个分蘖。

分葱的叶如大葱，有叶片和叶鞘组成。但分葱的叶片比大葱短而小，葱白长一般不超过30厘米，短的仅数厘米，葱白直径为1～2厘米。因此，大葱是葱白多而叶片少，分葱则是葱白少而叶片多。

分葱在春、夏季抽薹，按其开花状况，又可分为以下3种：①不开花结实的分葱，该分葱又分冬葱、四季葱两种类型；②开花不结实的分葱；③开花结实的分葱。前两种常通过分株繁殖，后一种可用种子繁殖，也可用分株繁殖。

分葱的生育周期可分为幼苗期、茎叶生长期(分蘖期)、抽薹期和休眠期等4个阶段。

2. 对环境条件的要求 分葱属耐寒性蔬菜，不耐高温，适应性强，对气候条件要求不严。植株生长的适宜温度为13℃～20℃，一般在南方露地能安全越冬，终年不枯，但在北方严冬季节葱叶会干枯。耐旱，不耐涝，喜较干燥的气候条件，多雨季节生长不良。分葱要求较高的土壤湿度，以70%～80%为宜，适宜的空气相对湿度为60%～70%。

分葱对光照要求较低，所以在冬季也能生长。强光会使组织老化死亡。分葱宜在土层深厚、通气、排水良好的中性壤土中栽培。

(二)分葱栽培方式

1. 早熟栽培　8月上中旬定植，9～11月采收。定植密度每667平方米25 000～30 000株。品种要求不严，一般宜选用耐热和夏季休眠期短的品种，以利于栽植后及早萌芽生长。

2. 晚熟栽培　9月定植，翌年3～5月采收。每667平方米栽植6 000～12 000株。上市时间正值其他葱抽薹开花期，可填补葱类供应不足，经济效益较高。

3. 小葱栽培　将分葱作为小葱栽培，在8～9月定植，行距为20～25厘米，株距16～20厘米。从10月至翌年5月陆续采收，每隔1个月左右收1次，每次每667平方米可收获200～400千克。

4. 普通栽培　8月下旬至9月中旬定植，每667平方米栽6 000～10 000株。11月至翌年3月采收。

(三)分葱露地栽培技术

1. 品种选择与播种　根据不同的栽培季节选择适当的品种，并选取无病害种子、种球、种苗等作繁殖材料。种子消毒处理同大葱种子。如果采用鳞茎繁殖，则先将鳞茎种球逐个分开，在阳光下晒1天，也可将鳞茎放入45℃温水中浸泡90分钟，捞出后在冷水中降温，晾干后栽植，每667平方米用种量50～60千克。早熟栽培每穴栽植2～3个种鳞茎，穴距15厘米左右。普通栽培的每穴栽植3～4个鳞茎，穴距20～25厘米。栽植于沟内，覆土厚6～7厘米，覆土后浇水。

2. 整地做畦　深耕土地，每667平方米施入经无害化处理的优质农家肥 4 000 千克作基肥，与土壤混匀，做成 2 米宽的畦，耙平畦面，畦内开沟深 6～7 厘米。早熟栽培的行距为 20～25 厘米，普通栽培的行距约 40 厘米。

3. 田间管理 分葱的田间管理以追肥为主，并结合进行中耕除草、浇水灌溉和培土等。在生长期间，每收割 1 次要追 1 次氮肥，以促叶片生长。分蘖多的品种可培土软化，一般培土应结合追肥进行，即在追肥以后培土。培土不能太深，以不没过葱白为宜。

4. 繁殖方式 不同类型的分葱，其繁殖方式各有不同。

(1)不开花、不结籽的分葱 这类分葱可分冬葱和四季葱两类。冬葱在南方于 8 月中旬选健株分株丛栽，每丛 3～4 株，每 667 平方米栽 8 000～10 000 丛。10 月中旬开始采收。冬葱不耐寒，遇霜其地上部枯萎，以地下部越冬。第二年春天萌发，4～5 月采收。5 月地上部枯萎，可全株挖起晾干挂藏越夏，8 月份重新栽植。

属于这一类型的四季葱可以四季栽培，1 年分株繁殖 4 次。第一次在 8 月中旬丛栽，每丛 3～4 株，11 月中旬培土软化，第二年 1～2 月收获。第二次在 11 月下旬分株栽植，不培土，第二年 3～4 月收获。第三次在 3 月下旬分株栽植，5 月下旬收获。第四次在 5 月下旬分株栽植，7 月中旬收获。四季葱不耐热，较耐寒，以春、秋两季产量为高。

(2)开花不结籽的分葱 这类分葱分蘖能力强，对环境适应性广，一年四季均可分株栽植。栽培过程与前述的四季葱相同，但由于植株较小，栽植的密度应大些。

(3)开花结籽的分葱 用种子繁殖，也可用分株繁殖，春、秋播栽植均可。春播的在 3 月中旬播种育苗，5 月单株分栽，6～9 月分批收获。秋播的在 8 月直播，10 月至翌年 4 月上旬陆续收获，而后抽薹开花结籽。

三、细香葱露地栽培技术

细香葱别名四季葱、香葱，在中国长江流域及其以南各地均有栽培。在亚洲、北美、北欧有野生种，但很早就被驯化。细香葱植株形状与大葱、分葱相似，但植株细小，葱香味浓烈，由此而得名。细香葱中香辛油含量高达鲜重的0.026%，维生素C、维生素A的含量分别比大葱高20%和200%。近几年来，随着人们对细香葱的需求越来越大，其栽培面积也在不断增加。

（一）细香葱栽培的基础知识

1. 植物学特性和栽培　细香葱的根系为弦线状须根，分布在土壤表面，发根力强，须根生于茎盘下面。茎为短缩茎，茎的每节长1片叶，葱叶基部膨大，包裹短缩茎，形成细纺锤形或近圆形的小鳞茎。鳞茎有白色、紫红色，因品种而异。具极强的分蘖能力，一般每株可产生分蘖5～8个，分蘖力强弱因品种而异。

细香葱的叶由叶片和叶鞘组成。叶片绿色，圆形中空，先端尖，叶面上有蜡粉。假茎长约10厘米，直径约1厘米，比分葱的还要细而短。香葱叶香味极浓烈，宜作调料。细香葱开花、结籽特性因品种不同而异。有的不开花，有的开花不结籽，有的既开花又结籽。前两种靠分蘖来进行分株繁殖，后一种一般采用种子播种。开花的品种在春夏季抽生花薹，种子与大葱种子相似。细香葱的生育周期可分幼苗期、茎叶生长期、抽薹开花期和种子成熟期等4个阶段。但如果是用种子播种的则多一个种子发芽期，无种子的细香葱则无种子成熟期。

2. 对环境条件的要求　细香葱适应性强，对气候条件要求不严，周年均能生长。种子发芽的最适温度为13℃～20℃，植株生长的最适温度为15℃～25℃。细香葱较耐干旱，因植株较小，故对水分的需求量比大葱、分葱少，但对空气和土壤的湿度要求比大葱、分葱高。细香葱与大葱、分葱一样，也要求土质疏松的中性土壤和较低的光照，强光易导致组织老化，纤维增多，品质变劣。

(二)细香葱栽培技术

1. 品种选择和种子处理　种子消毒同大葱种子消毒方法。

2. 播种育苗　用种子繁殖的细香葱需进行播种育苗。细香葱一般采用直播栽培，适宜播种期为 2～5 月和 9～10 月，播种后 60～80 天即可上市；育苗移栽的在苗期为 30～40 天就可移栽。如果在 6～8 月间播种，应采用遮阳网覆盖；如果在 11 月至翌年 1 月间播种，则宜采用地膜或无纺布覆盖。细香葱播种后要保持土壤湿润，防止种子在发芽过程中干枯而影响出苗。

3. 整地施肥　细香葱对土壤的要求与大葱对土壤的要求基本一致。育苗地和定植移栽地都要精细整地和施足有机肥。基肥不要施得过深，一般应施在深 10～20 厘米的土层内。基肥最好施用经过充分腐熟的农家肥，每 667 平方米施用量为 2 000～3 000 千克，基肥施入后要细耙，并与土壤充分混匀后做畦。南方地区宜做高畦，以利于排水，北方可做平畦，畦宽为 1.5～2 米，而后浇水，待水渗下后即可播种或定植。

4. 定植　定植前对幼苗进行筛选分级，选取一、二级幼苗定植。定植时间为 8 月至翌年 5 月。一般情况下，定植行距为 15～25 厘米，穴距 8～12 厘米，每穴 4～8 株。冬季栽植时可覆盖地膜增加地温，以提早收获。一般栽植后 1 个月左右即可采收上市。

5. 田间管理　以肥水管理为重点。细香葱生长需要土壤湿润，播种出苗前后和栽植成活以前，宜小水勤浇，保持土壤不干。定植成活后，细香葱较耐干旱，在正常的生长季节中，一般约 15 天灌 1 次水。追肥时间、追肥量和追肥次数要根据细香葱的生长势和土壤营养分析结果而定。第一次追肥最好施用充分腐熟的稀粪尿,浓度为10％～20％,施用时注意不要洒在植株上,施肥后灌水。以后如果还需追肥,可每667平方米施尿素10～15千克,而后灌水。

第四章　大蒜优质高效栽培技术

一、大蒜栽培的基础知识

(一)大蒜栽培的几个重要生物学特性

1. 花芽分化与蒜薹形成　有薹大蒜在栽培时应促进抽薹。但抽薹不仅受栽培因素影响，亦受环境条件，特别是温度、光照的制约，大蒜抽薹的前提是低温和长日照。在鳞茎贮藏期间或幼苗期，经过一定时间的低温处理(春化过程)，大蒜的生长点才能由分化叶片的营养苗端转化为分化花芽(蒜薹)的生殖苗端。春化过程要求的温度和时间，一般在0℃～4℃低温下经30～40天即可完成，若在10℃下则需50～60天。通过春化后的大蒜，遇到长日照(日照时数13小时以上)和较高温度(15℃～20℃)，可完成光周期反应，使蒜薹伸长。若大蒜植株未经过低温春化处理，顶芽既不能进行花芽分化，此后即使遇到长日照及较高的温度条件也不能抽薹。如果过早遇到低温，使得花芽分化过早，则叶片数目减少，光合生产率下降，将会影响鳞芽的形成。据研究发现，凡经低温处理的种蒜，其叶片的生长速度加快，叶鞘高度增加。据此，进行蒜苗生产时可预先将种蒜放在低温下处理，以提早收获，提高产量。

2. 鳞芽分化与鳞茎形成　大蒜的鳞茎即是蒜头，是由多个侧芽发育肥大而形成的鳞芽(蒜瓣)组成，鳞芽是大蒜营养物质的贮藏器官，也是大蒜无性繁殖的种用材料，鳞芽的分化与肥大均以同化物质的输入贮存为基础，并以较高温度和较长日照为必要条件。

若日照时数不足 13 小时，则大蒜只分化叶片而不形成鳞芽，因此不论春播或秋播大蒜，都需在一定的日照时数和一定的温度条件下才能长成蒜瓣。长的光照可促进大蒜鳞茎的膨大，但温度也有一定的影响。若温度低，叶片生长量小，制造营养物质少，因而在长日照条件下往往会形成独头蒜而不分瓣。此外，若在播种前对种瓣进行一段时间的低温处理，即使在 8 小时短日照条件下，也会形成鳞茎。只有未经低温春化处理，又处在短光照条件下，才不会形成鳞茎。但在充足日照时数的条件下，温度就成为影响鳞茎膨大的主要因素。同一品种在不同地区的成熟期有先有后，不仅是因为光周期不同，而且鳞茎在膨大时的气温高低对其成熟期亦有很大的影响，因此在引种时应考虑该品种鳞茎形成对日照时数及温度的要求。光周期的长短，不仅影响大蒜鳞茎的大小，而且影响鳞茎的结构。许多不正常鳞茎如独头蒜、多瓣蒜、散瓣蒜等，都与光照时数、植株大小及种瓣大小有关。

大蒜不同品种对光周期的要求不同，一般早熟品种及低纬度地区的大蒜鳞茎形成，所要求的光照时数较短，对光周期要求不太严格；而晚熟品种及高纬度地区大蒜鳞茎形成，要求的光照时数较长，对光周期要求较为严格，但两者间并没有明显的界限。

鳞芽在发育初期，是由 2～3 层几乎同样厚薄的鳞片包裹一个幼芽所组成，其横断面为圆形。生长后期，外层鳞片营养逐渐向内层转移，所以内层鳞片变得格外肥厚，而外层鳞片则干缩成膜状的蒜皮。

3. 花芽、鳞芽分化与形成的关系　鳞芽的分化（分瓣）与花芽分化（抽薹）是两种不同性质的生理现象。分瓣属营养生长范畴，而抽薹则属于生殖生长的范畴。只要植株具有一定的物质基础，不抽薹也可分瓣。但若未经低温春化，即使具有物质基础，大蒜也不抽薹。因而如果播种过晚，不能满足植株抽薹所需的低温条件，即使处于长日照和温暖的气候条件下，大蒜也只能分瓣而不抽薹；若既未满足抽薹所需低温条件，亦缺乏足够营养供给鳞芽分化，结果不仅不抽薹，而且在长日照温暖气候条件到来时，外层叶鞘养分向最内层鳞片转移，而使内层鳞片肥厚膨大，形成独头蒜。独头蒜植株与多瓣蒜植株结构相似，二者无本质区别，可相互转化。“种蒜不出九，出九长独头”的农谚，说明了播期过晚，是产生独头蒜的主要原因；而种瓣太小、土壤贫瘠、密度过大，叶数太少、肥水不足等均会导致独头蒜的产生。因此可以说，独头蒜是植株营养不足影响鳞芽分化所致。

(二)大蒜栽培对环境条件的要求

1. 温度 大蒜是喜冷凉的作物，特别是发芽期和幼苗期适宜较低的温度。发芽的始温为3℃～5℃，发芽及幼苗期最适温度为12℃～16℃。此期温度过高，植株呼吸作用增强，养分消耗较多，生长受抑制。幼苗期极耐寒，可耐－7℃的低温，能耐短时间－10℃的低温。在0℃～4℃的低温下，经过30～40天就可以通过春化阶段。在花芽、鳞芽分化期适宜的温度条件为15℃～20℃，抽薹期为17℃～22℃，鳞茎膨大期为20℃～25℃。温度较低时，鳞茎膨大缓慢；温度过高，膨大速度加快，但植株提早衰老也会影响产量。在休眠期鳞茎既耐高温，也耐低温，为了减少损耗，以贮藏在0℃左右的低温条件下为宜。

2. 光照 大蒜是长日照作物。在通过春化阶段后，需要长日照才能抽薹，并促进鳞茎的形成。长日照是鳞茎膨大的必要条件，在日照为12小时以下时，不能形成鳞茎。南方的栽培品种需日照13小时，北方则需14小时。较强的光照可提高光合作用，但使叶片纤维增多。因此，培育蒜苗产品，适宜在弱光条件下进行；在无光的条件下，可培育蒜黄。

3. 水分 大蒜的叶面积小，表面有蜡质，耐旱性好。但由于根系小，根毛少，吸收能力弱，所以要求的土壤湿度很严格。播种至出苗前，土壤应湿润，否则蒜母会因土壤干硬而被根顶出干旱而死。幼苗期土壤应见干见湿，以减少地下害虫为害，并防止因干旱致叶片黄尖抑制幼苗生长。但土壤也不宜过湿，以免引起烂母。在叶片旺盛生长期需水较多，要多灌水催秧催薹快长。采薹期前，控制水分，使植株稍蔫，以利于采薹时顺利抽出而不易折断。采薹后立即灌水，以促进植株和鳞茎生长。鳞茎膨大期必须充分满足水分供应。收获前，节制供水，促进蒜头老熟，提高质量和耐贮性。起蒜前灌1次水，以便于起蒜。

4. 土壤营养　大蒜对土壤种类要求不严，但以富含腐殖质的肥沃壤土为最好。最适土壤 pH 值为 5.5～6。大蒜需肥多且耐肥，增施有机肥有显著的增产效果。大蒜施肥以氮肥为主，增施磷、钾肥可显著增产。大蒜对硫、铜、硼、锌等微量元素敏感，增施上述微量元素有增产和改善品质的作用。大蒜苗期需肥较少，所需的营养多由母瓣供应。在叶片旺盛生长期和鳞茎迅速膨大期，需要的营养较多。大蒜的根系弱，吸收力差，而需肥又多，根据这一特点，施肥时应本着多次、少量的原则，施肥后注意立即灌水，以利于吸收。

二、大蒜栽培季节和茬口安排

(一)大蒜栽培季节

1. 秋播　北纬 35°以南的地区，冬季平均最低温一般在－6℃以上，大蒜可以在露地越冬，多为秋季播种，翌年初夏收获。秋播区主要包括华南、华中、河南、山东禹城以南、陕西关中及陕南、山西临汾以南及河北省南部。但是，有的大蒜产区纬度虽较低，但海拔高，气候寒冷，露地越冬有困难，则实行春播。例如，西藏江孜地处北纬 28°55′，海拔 4 040 米，10，11，12 月份和翌年 1，2，3 月份的平均最低气温分别为：－1.7℃，－7.6℃，－12.9℃，－14.7℃，

—11.9℃和—7.3℃,所以当地要到4月份,当平均最低气温升高至—2℃左右,平均气温升高至5℃左右才可播种。

2. 春播 北纬35°以北的地区,冬季平均最低气温一般在—10℃以下,大蒜在露地不能安全越冬,多实行春播,当年夏季收获。春播区主要包括陕西省北部、山西省临汾以北、河北省北部、甘肃、宁夏、青海、新疆、吉林、辽宁、黑龙江、内蒙古及西藏。有的春播区利用特性不同的大蒜品种,可以进行春、秋两季栽培。例如在新疆,伊宁红皮蒜作秋播,而吉木萨尔白皮蒜则作春播,前者于9月中下旬播种,翌年7月份收获;后者于4月中旬播种,9月上旬收获,这样可以提早并延长新鲜蒜头的供应期。

我国北方大蒜栽培主要地区和大蒜名特产区栽培季节安排见表4-1。

表4-1 我国北方大蒜栽培主要地区和大蒜名特产区栽培季节表

地 区	春 播		秋 播	
	播种期(月/旬)	收获期(月/旬)	播种期(月/旬)	收获期(月/旬)
北 京	3/下	6/下	9/中下	6/中
济 南	2/中	6/上	9/下	6/上
郑 州	—	—	8/中	5/下
长江流域	—	—	9/中下	6/上中
西 安	—	—	8/下~9/上	5/下
太 原	3/中	6/下~7/上	—	—
沈 阳	3/下	7/上中	—	—
长 春	4/上	7/中	—	—
哈尔滨	4/上	7/中	—	—
乌鲁木齐	—	—	10/中下	7/上中
呼和浩特	3/中下	7/中	—	—

在适于秋播的地区,秋播延长了幼苗的生育期,积累的养分较多,比春播产量高。秋播大蒜的播期为9~10月,月平均温度以

20℃～22℃为宜。播种过晚，缩短了幼苗冬前的生长时间，易遭到冻害；播种过早，易出现复瓣蒜。春播由于生长期缩短，在适期下应尽量早播，当土壤刚开始化冻，10 厘米地温为 3℃以上时，就可顶凌播种。

(二)大蒜栽培茬口安排

大蒜对前茬作物要求不严格，可以选早熟菜豆、黄瓜、番茄、西葫芦、马铃薯、甘蓝、棉花、玉米和水稻等作物为前茬，亦可与粮食或蔬菜作物间作套种。大蒜忌连作，也不宜以葱、韭、洋葱等作物为前茬。由于这些作物从土壤中吸收的养分、根系分泌物的残余物质及病虫害与大蒜基本相同，因而连作易出现养分缺乏，病虫害加重等现象。同时，重茬地出苗率低，幼苗弱，叶片发黄，鳞茎亦小，产量低。所以，大蒜一般应实行 2～3 年的轮作。

(三)大蒜间作套种茬次安排

大蒜秋播时生长期长达 7～8 个月，且苗期生长缓慢，绿叶面积和根系都小，不能充分利用阳光和土壤中的水分和养分。为了充分利用阳光和土壤资源，提高复种指数，大蒜可与粮、棉、菜等间作套种，以增加效益。间作套种的方式有粮、蒜套种，棉、蒜套种，菜、蒜套种，粮、棉、蒜套种，粮、棉、蒜、菜套种，粮、菜、蒜套种，棉、蒜、瓜套种及棉、蒜、瓜、菜套种 8 种方式。

三、大蒜栽培技术

(一)秋播大蒜栽培技术

1. 播　种

(1)适时播种　大蒜播种的最适时期是使植株在越冬前长到

5～6片叶，此时植株抗寒力最强，在严寒冬季不致被冻死，并为植株顺利通过春化打下良好基础。长江流域及其以南地区，一般在9月中下旬播种。长江流域9月份天气凉爽，适于大蒜幼苗出土和生长。如播种过早，幼苗在越冬前生长过旺而消耗养分，则降低越冬能力，还可能再行春化，引起二次生长，翌年形成复瓣蒜，降低大蒜品质。播种过晚，则秧苗小，组织柔嫩，根系弱，积累养分较少，抗寒力较低，越冬期间死亡多。所以，大蒜必须严格掌握播种期。

(2)合理密植　密植是增产的基础。蒜薹和蒜头的产量是由每667平方米株数、单株蒜瓣数和薹重、瓣重三者构成的。应按品种的特点做到适当密植，使每667平方米有较多的株数。早熟品种一般植株较矮小，叶数少，生长期也较短，密度相应要大，以每667平方米栽5万株左右为好，行距为14～17厘米，株距为7～8厘米，每667平方米用种150～200千克。中晚熟品种生育期长，植株高大，叶数也较多，密度相应小些，才能使群体结构合理，以充分利用光能。密度宜掌握在每667平方米栽4万株左右，行距16～18厘米，株距10厘米左右，每667平方米用种150千克左右。

(3)播种方法　“深栽葱子浅栽蒜”是农民多年实践得出的经验。大蒜播种一般适宜深度为3～4厘米。大蒜播种方法有两种：一种是插种，即将种瓣插入土中，播后覆土，踏实；二是开沟播种，即用锄头开一浅沟，将种瓣点播土中。开好一条沟后，同时开出的土覆在前一行种瓣上。播后覆土厚度2厘米左右，用脚轻度踏实，浇透水。为防止干旱，可在土上覆盖两层稻草或其他保湿材料。栽种不宜过深，过深则出苗迟，假茎过长，根系吸水肥多，生长过旺，蒜头形成受到土壤挤压难于膨大；但栽植也不宜过浅，过浅则出苗时易“跳瓣”，幼苗期根际容易缺水，根系发育差，越冬时易受冻死亡。

2. 田间管理

(1)追肥　大蒜幼苗生长期虽有种瓣营养,但为促进幼苗生长,增大植株的营养面积,仍应适期追肥。由于大蒜根系吸收水肥的能力弱,故追肥应施速效肥,以免脱肥而出现叶尖发黄。大蒜追肥一般为 4 次,分为以下四种肥。

①催苗肥　大蒜出齐苗后,施 1 次清淡人粪尿提苗,忌施碳酸氢铵,以防烧伤幼苗。

②盛长肥　播种 60～80 天后,重施 1 次腐熟人、畜肥加化肥,每 667 平方米 1 000～1 500 千克、硫酸铵 10 千克、硫酸钾或氯化钾 5 千克。做到早熟品种早追,中晚熟品种迟追,促进幼苗长势旺,茎叶粗壮,到烂母时少黄尖或不黄尖。

③孕薹肥　种蒜烂母后,花芽和鳞芽陆续分化进入花茎伸长期。此期旧根衰老,新根大量发生,同时茎叶和蒜薹也迅速伸长,蒜头也开始缓慢膨大,因而需养分多,应重施速效钾、氮肥(复合肥更好)10～15 千克。于现尾(可剥苗观察到假茎下部的短薹)前半个月左右施入,以满足抽薹的需要,促使蒜薹抽生快、旺盛生长。

④蒜头膨大肥　早熟和早中熟品种,由于蒜头膨大时气温还不高;蒜头膨大期相应较长,为促进蒜头肥大,须于蒜薹采收前追施速效氮、钾肥,每 667 平方米施氮钾复合肥 5～10 千克。若单施尿素,只施 5 千克左右即可,不要追施过多,否则会引起已形成的蒜瓣幼芽返青,又重新长叶而消耗蒜瓣的养分。追肥应于蒜薹采收前进行,当蒜薹采收后即有丰富的养分促进蒜头膨大。若追肥于蒜薹采收后进行,则易导致贪青减产。若田土较肥,蒜叶肥大色深,则可不施膨大肥。中、晚熟品种由于抽薹晚,温度较高,收薹后一般 20～25 天即可收蒜头,故可免追施膨大肥。

(2)水分管理

①齐苗期　一般播种 1 周即齐苗。追施齐苗肥后,若田土较干,可灌水 1 次以促苗生长。

②幼苗前期　幼苗期是大蒜营养器官分化和形成的关键时期。大蒜齐苗后进入幼苗生长前期，由于齐苗后已灌1次水，加之长江流域地区此期正值秋雨较多的时期，因此要控制灌水，并注意秋雨后田间的排水工作。

③幼苗中后期　该生长期从越冬前至退母结束。此阶段较长，是大蒜营养生长的重要时期。越冬前许多地方降雨已明显减少。土壤较干，应浇灌1次；越冬后气温渐渐回升，幼苗又开始进入旺盛生长，应及时灌水，以促进蒜叶生长和假茎增粗。

④抽薹期　蒜苗分化的叶已全部展出，叶面积增长达到顶峰，根系也已扩展到最大范围，蒜薹的生长加快，此期是需肥水量最大的时期，应于追孕薹肥后及时浇灌抽薹水。现尾后要连续灌水，以水促苗，直到收薹前2～3天才停止浇水，以利于贮运。

⑤蒜头膨大期　蒜薹采收后立即浇水以促进蒜头迅速膨大和增重。收获蒜头前5天停止灌水，控制生长势，促进叶部的同化物质加速向蒜头转运。

(3)中耕除草　可从播种至出苗前喷除草剂。喷施扑草净对防除蒜地的马唐、灰灰菜、蓼、狗尾草等有效。每667平方米喷施50%的扑草净100～150克，或西马津或20%莠去津120～240克，或20%二甲戊灵35～65克，均可有效地杀灭草害。

对以单子叶禾本科杂草为主的蒜田，每667平方米用敌草胺120～150克于播种后5～7天(出苗前)加水30～50升稀释，在晚间喷雾。对以双子叶阔叶草为主的蒜田，每667平方米用25%噁草酮120～150毫升，或24%乙氧氟草醚乳油45～60毫升，于播种后7～10天(出苗前)加水40～60升于晚间喷雾。蒜苗幼苗生长期，当杂草刚萌生时即进行中耕，除草，对株间难以中耕的杂草也要及早拔除，以免其与蒜苗争肥。

3. 采　收

(1)采收蒜薹　一般蒜薹抽出叶鞘并开始甩弯时，是采收蒜薹的适宜时期。采收蒜薹早晚对蒜薹产量和品质有很大影响。如采薹过早,产量不高,易折断,商品性差;采薹过晚,虽然可提高产量,但消耗过多养分,影响蒜头生长发育,而且蒜薹组织老化,纤维增多,尤其蒜薹基部组织老化,不堪食用。

采收蒜薹最好在晴天中午和午后进行,此时植株有些萎蔫,叶鞘与蒜薹容易分离,并且叶片有韧性,不易折断,可减少伤叶。如果在雨天或雨后采收蒜薹,植株已充分吸水,蒜薹和叶片韧性差,极易折断。

采薹方法应根据具体情况确定。以采收蒜薹为主要目的,如二水早大蒜叶鞘紧,为获高产,可剖开或用针划开假茎,蒜薹产量高、品质优,但假茎剖开后,植株易枯死,蒜头产量低,且易散瓣。以收获蒜头为主要目的,如苍山大蒜采薹时应尽量保持假茎完好,以促进蒜头生长。采薹时一般左手于倒3～4叶处捏伤假茎,右手抽出蒜薹。该采收方法虽然使蒜薹产量稍低,但假茎受损伤轻,植株仍保持直立状态,利于蒜头膨大生长。

(2)收蒜头　收蒜薹后15～20天(多数是18天)即可收蒜头。收蒜头的适期标志是:叶片大都干枯,上部叶片褪色呈灰绿色,叶尖干枯下垂,假茎处于柔软状态,蒜头基本长成。采收过早,蒜头嫩而水分多,组织不充实,不饱满,贮藏后易干瘪;采收过晚,蒜头容易散头,拔蒜时蒜瓣易散落,失去商品价值。采收蒜头时,如土地干硬时应用锨挖,土地松软时可直接用手拔出。起蒜后运到晒场上,将后一排的蒜叶搭在前一排的蒜头上,只晒秧,不晒蒜头,防止蒜头灼伤或变绿。经常翻动2～3天后,茎叶干燥即可贮藏。

(二)春播大蒜栽培技术

春播大蒜春季播种,夏季收获,苗期较短,养分积累少,大蒜产量、质量都不如秋播大蒜,要想春播大蒜产量、质量有所提高,必须选好品种,重抓管理。关键要抓好以下4个环节。

1. 选择适宜的品种 春播大蒜从种到收约100天时间，全生育期很短，故要选择冬性弱、生长期短的紫皮蒜作种蒜。有些生长期较长的品种，如果中后期适应高温条件，也可用于春播。

2. 重施基肥 在播种前1个月左右、结合整地每667平方米施优质人畜粪肥或厩肥3 000千克，饼肥100千克。播前一周每667平方米施三元复合肥50千克，耙平搂细，使肥土充分混匀，整墒待播。

3. 适时早播 春播大蒜在播种适期内要尽可能早播，播种过晚不能接受低温春化过程，最终形成少瓣蒜和独头蒜。

4. 加强苗期管理 春播大蒜幼苗生长时间短，应在施足基肥的基础上适当追肥灌水。5月份以后，气温逐渐升高，及时灌水是田间管理的关键性措施，整个苗期切勿大水漫灌，应小水轻灌，中耕保墒，以提高地温，蒜苗2叶时可中耕一次，6叶期灌第一次水，以后5～7天灌一次水，在齐苗中耕时，结合灌水，每667平方米追施饼肥75千克或碳酸氢铵20千克，同时加强病、虫、草害的综合防治，其他管理措施与秋播大蒜相似。

(三)地膜覆盖大蒜栽培技术

1. 地膜覆盖的效应

(1)改善环境条件 地膜覆盖后，在冬前可提高5厘米处的地温2℃～3℃。因此，加速了大蒜冬前幼苗的生长，秧苗健壮，抗寒力强。加上冬季地温较高，故越冬因低温冻死率大大减少，仅为1/5左右。翌年春，由于地温为2.6℃～3.7℃，大蒜幼苗返青早，生长快，植株生长量大，叶面积大，为丰产奠定了基础。地膜的不透水性降低了土壤水分蒸发量，有利于土壤的保墒防旱。所以，大蒜进行地膜覆盖后，可以减少灌水次数，土壤墒情适宜，早春避免了灌水降低地温之弊，为植株生长创造了有利条件。地膜覆盖还增强了土壤保水保肥力，提高了养分利用率，保持了土壤疏松，防止了灌水过多而发生的地面板结，有效地改善了土壤环境条件。大蒜地膜覆盖还减轻了病虫害的发生，覆盖地膜可阻挡种蝇向蒜根周围产卵，减少根蛆为害。地膜覆盖还可抑制杂草的发生和危害。

(2)促进大蒜的生长发育　大蒜覆盖地膜由于环境条件的改善，植株生长健壮，根系发达，叶面积增大。

(3)早熟和高产　由于地膜覆盖的温度效应，所以大蒜抽薹期可提前6～10天，成熟期提前5～8天。大蒜早熟为早腾地创造了条件，可有效地调节下茬作物的栽培期。大蒜实行地膜覆盖，可增产蒜薹55.35%，增产蒜头44.8%。

2. 栽培技术

(1)整地和施肥　精细整地，可提高地膜覆盖的效能。大蒜覆盖地膜后，植株吸肥增多，故应增施有机肥，以减少今后追肥的用工。进行地膜覆盖一般用小高畦。畦宽因地膜宽度而定。

(2)盖膜　一般先播种，后盖膜。膜要盖严、压紧，做到膜紧贴地，无空隙，膜无皱纹，如穿洞应及时用土堵上。

(3)播种　由于地膜覆盖后生长期延长，所以秋播大蒜可适当晚播5～7天。密度应适当小些，每667平方米以栽35 000～38 000株为宜。播种方法同秋播。

(4)苗期管理　播种覆膜后立即灌水，以促进蒜瓣扎根。近出苗时，再灌1次水，以利于幼苗出土和顶破地膜，继续生长。对顶不出膜来的幼芽可人工破膜，人工破膜的口越小越好。在幼苗生长阶段灌1次促苗水，入冬时灌1次越冬水。在生育期内应经常检查，发现幼苗压在膜下时，要立即扶出膜外，防止苗在膜下生长。

(5)中后期管理　在花芽、鳞芽分化期，仍然要保护好地膜，发挥其保温作用，直至抽薹前期方可去掉地膜。其他管理同秋播大蒜栽培。

(四)独头蒜栽培技术

为提高商品蒜头的产量和品质,通常要尽量减少独头蒜的数量。但近年来独头蒜作为一种特色商品,在市场上颇受消费者欢迎,价格也比较高。南方的大蒜品种大多蒜头小,蒜瓣也小,北方也有一些蒜瓣多而小的白皮大蒜,食用时剥皮比较麻烦,其中除了一部分用作蒜苗栽培外,多被当作废物抛弃,如果利用它们生产独头蒜,则可变废为宝。独头蒜可以加工成糖醋蒜,如湖北荆州、沙市生产的甜酸独头蒜,颗粒圆整,质地清脆,甜酸爽口,风味独特,成为畅销国内外及东南亚各国的传统名优商品,就是利用白皮大蒜中的小蒜瓣作蒜种培育而成的。所以,掌握独头蒜的栽培技术,也是一条提高大蒜经济效益的途径。

1. 整地做畦 选择砂壤土或轻壤土整地做畦,忌连作。前作物收获后,每667平方米施腐熟圈粪2500千克、过磷酸钙50千克作基肥。浅耕耙耱后做成宽1.4米左右的平畦,畦面要平整。

2. 品种选择 生产独头蒜所用的种瓣必须是小蒜瓣,一般多从蒜瓣较多而蒜瓣较小的大蒜品种中选择。但是,同为小蒜瓣而大蒜品种不同时,所得独头蒜的百分率和单头重有明显差异,因而影响独头蒜的产量和质量。因此,在从事独头蒜生产前,应进行品种比较试验,选出适宜在当地种植的、独头率较高、单头重较大的品种。据报道,二水早、彭县早熟、温江红七星等早熟大蒜品种采用重0.5～1克的蒜瓣作种瓣时,独头率可达76%～92%,单头重4～6克。

3. 挑选种瓣 生产独头蒜的种瓣大小关系到独头蒜的产量和质量,选择大小适宜的蒜瓣作种蒜,才能获得高的独头率和大小适中的独头蒜。如果种瓣太大,则会生产出有2～3个蒜瓣的小蒜头,使独头率降低;如果种瓣太小,则生产出的独头蒜太小,将丧失商品价值。一般要求独头蒜的单重为5～8克。为了生产出独头率高而且大小适宜的独头蒜，需要进行种瓣大小与独头率及单头重关系的试验。据湖北省的生产经验，采用当地白皮蒜品种中的小蒜瓣(又称“狼牙蒜”)作种瓣时，以百粒重在90克以下为宜。

4. 播种生产　独头蒜的适宜播期必须在当地做分期播种试验才能确定。如果播种早了，蒜苗的营养生长期长，积累的养分较多，易产生有2～3个蒜瓣的小蒜头；播晚了，独头蒜太小。秋播地区一般较蒜头栽培推迟50天左右播种。每667平方米用种量一般为100千克左右。播种时先按15厘米行距开沟，沟深约6厘米，然后按株距3～4厘米播种瓣，随即覆土，厚3～4厘米。全畦播完后，均匀撒播小萝卜种子，每667平方米用种量为0.5千克左右，播后耙平畦面、灌水。混播小萝卜种子的目的是利用小萝卜发芽出苗快的特性，以抑制蒜苗的生长，增加独头率，减少分瓣蒜。

5. 田间管理　小萝卜出苗后分期间苗，使其保持6～8厘米的距离。翌年早春将小萝卜全部收获上市后，对蒜田进行中耕、除草、追肥、灌水等项管理。在蒜头膨大期间，要保证水分的充足供应。

6. 收获　秋播地区在翌年立夏前后(5月上旬)当假茎变软、下部叶片大部干枯后及时挖蒜。如果收早了，独头蒜不充实；收迟了，蒜皮变硬，不易加工。作加工用的独头蒜，挖出后及时剪除假茎及须根，运送到加工厂，要防止日晒、雨淋。作为鲜蒜上市出售的，挖蒜后要在阳光下晾晒2～3天，以防止霉烂。一般每667平方米产300千克左右，高产的可达500千克。

(五)青蒜(蒜苗)栽培技术

青蒜是以新鲜嫩绿的蒜叶为食用器官的蔬菜。青蒜对温度、光照要求不严，可以在露地也可在保护地栽培。

1. 品种选择　一般应选择早熟、生长势强、长得快、叶片宽厚、假茎粗而长的品种。作早熟栽培的还应具备耐热的特点。早蒜苗栽培在秋播区大面积采用的品种有软叶蒜、二水早、金堂早蒜、蔡家坡红皮蒜等。晚蒜苗品种多数与当地大蒜主栽品种相同，一般是大蒜播种后剩下的小蒜作蒜苗用种，如苏联红皮蒜系列的品种多是各地晚蒜苗用种。春播区适宜作蒜苗栽培的有白皮狗牙蒜、阿城紫皮蒜、格尔木白皮蒜等。

2. 整地施肥 用于蒜苗栽培的优良品种一般种瓣都较小，自身贮存的营养少，“退母”早，且种植密度大，是大蒜栽培密度的3～4倍。因此，只有上足基肥才能使小蒜瓣长成粗壮的大蒜苗。整地前每667平方米施优质有机肥3000千克、磷酸二铵40千克、氯化钾25千克，犁地时翻入土层，耙平做成1～1.5米宽的平畦。

3. 播种

(1)播种期 北方露地栽培青蒜的播种期，从8月中旬一直延续到9月下旬，早期播种的一般可于10月份收获。但播期晚的，可于翌年4月份收获。保护地栽培青蒜可于9月下旬至12月下旬播种，收获供应时间，可从11月中旬一直延续至翌年3月下旬。

(2)播种密度 青蒜由于只收蒜苗，不收蒜头，因而播种密度应大些。一般冬前收获的露地青蒜行距为10～12厘米、株距3～5厘米；露地越冬青蒜行距为15厘米左右、株距7～8厘米。大棚、阳畦保护栽培可进一步加大密度，行距、株距均为3～5厘米。

(3)播种方法 青蒜栽培的播种方法与常规露地栽培的播种方法基本相同，可采用干播法，即先开沟播种、覆土后再灌水；亦可采用湿播法，即先灌足底水，再将蒜瓣按入土中，而后覆土。不论采用哪种方法，覆土的厚度均以2～3厘米为宜。为了使青蒜生长均匀，播种时最好将蒜瓣按大小分级后分别播种。

4. 田间管理 露地栽培青蒜播种早，冬前即可收获，一般应采取一促到底的管理措施，即在播后苗前要小水勤灌，这样既可增加土壤湿度，又可降低土壤温度，有利于幼芽的萌发及蒜根的生长，因而可提早出苗。齐苗后即应结合灌水追施提苗肥，每667平方米施硫酸铵 25 千克。采收前 7～10 天，还应再追施部分速效氮肥，以进一步提高产量，改善品质。

露地栽培青蒜播种晚，翌年春才可收获，其管理措施与常规露地栽培大蒜的管理措施相同，即越冬前采取控制灌水的方法。因为植株要安全越冬，就不能造成徒长，否则灌水过多会提早退母，不利于安全越冬。

保护地栽培青蒜的管理措施如下：当播后“露尖”时浇水，随后进行畦面盖土，厚约 3 厘米，为了防止压住幼芽，土宜精细。当再次“露尖”时再灌水，然后再盖 3 厘米厚的细土。这样连续进行3～5 次，就能大大加长假茎高度，既可提高青蒜产量，又可改进品质。保护地栽培的施肥时间可与灌水密切结合，一般可于第一次“露尖”时结合灌水每 667 平方米施入硫酸铵或磷酸二铵 20 千克，最后一次覆土前灌水时再施入硫酸铵 20 千克。保护设施内的环境条件尤其是温度条件，对蒜苗的生长影响极大：若温度低于 10℃，则生长慢；温度超过 25℃，则叶片易黄化。因而温度一般白天控制在 20℃～25℃，夜间控制在 15℃左右。如遇温度过高时，应及时通风降温、排湿，防止叶片黄化、腐烂；遇低温灾害性天气，夜间应加盖草苫等覆盖物防止受冻。

5. 采收　青蒜的采收期不严格，一般播后长出 4～6 片叶时，即可陆续采收供应市场。收获时可将青蒜连根拔起，抖掉泥土后捆扎成 0.5 千克左右的小捆上市。越冬青蒜的收获应结合市场价格，在高温季节来临前及时收获，以防止组织老化，纤维增多，品质下降。

(六)蒜黄栽培技术

蒜黄是冬春季节上市的一种鲜嫩蔬菜，色浅黄白至金黄，具特殊香味，色泽艳丽，属高档优质蔬菜。蒜黄主要依靠蒜头自身贮存的营养进行生长，因而栽培容易，可在冬春蔬菜淡季进行生产，多采用挖窖或在室内遮光栽培。在保护条件下生产的青蒜，如能进行遮光并保持一定的温度，亦可生产蒜黄。此外，还可将大蒜种植在木箱内，放在温室或房间空闲处经遮光处理生产蒜黄。不论采用哪种栽培方式，在栽培过程中应掌握好以下几个环节。

1. 选种及种子处理 蒜黄的产值高，应选用大瓣品种，以期发芽快、产量高。剔除有病、发霉、受冻、腐烂或瘦弱的蒜瓣，并将选好的蒜头或蒜瓣在20℃左右的水中浸泡8～10小时，浸泡完毕后用螺丝刀等锐器剔除茎盘及薹秆，但保留外皮，不使"散头"。

2. 栽培场地 蒜黄主要在冬春低温季节栽培，凡是有一定温度条件的场所均可进行。栽培方式多采用挖窖或在室内遮光栽培。采用地窖栽培时，应选在地势高燥、背风向阳处挖地下式或半地下式地窖，窖深1～2米、宽2～4米、长5～7米，窖顶用木材及作物秸秆封好，开留小窗，白天可盖好遮光，夜间可打开排湿降温。窖内用砖砌成长方形的栽培池，池宽1～2米、高0.6米左右，并留出走道及火炉放置的位置。作室内栽培时，可将门窗堵严，在地面用砖砌0.6米高的长方形栽培池，并用火炉加温。栽培蒜黄所用栽培池底部要平整，而后在其上铺6～8厘米厚的细沙或砂质壤土，搂平即可。

3. 播种 蒜黄可从10月上旬至翌年3月下旬连续不断地播种和收获。从播种至收获，在适温条件下需20～25天。可根据上市期确定播种期。将处理好的蒜种整齐密排于栽培池内，用木板压平，上覆一层细沙土刚刚盖住蒜头为度，而后用喷壶在其上均匀喷水，直至将池内土壤浸透，而后覆盖1.5厘米厚的细沙土盖严蒜头。采用此方法排蒜，每平方米用蒜头15～20千克，大蒜栽好后即可封窖。

4. 田间管理

(1)遮荫 蒜芽大部分出土时，栽培床上盖苇帘或草苫遮光，亦可盖黑色塑料薄膜遮光，以软化蒜叶，保证蒜黄的质量。如盖帘过晚或盖得不严密，使蒜苗见光，会使叶片变绿而降低品质。盖帘还有保持栽培床温度和湿度的作用。

(2)温度管理　温度是蒜黄生长的重要条件，一般以18℃～22℃为最适，25℃以上生长虽加快，但会出现白梢，色淡质老，品质下降，且植株易倒伏，常发生伤热及腐烂现象。在出现高温时，应在傍晚或夜间开启通风口降温。如果窖内温度过低，则蒜黄生长慢，将推迟采收期。

(3)水分管理　在蒜黄生长过程中，蒜池要经常保持湿润，一般在栽植后每隔3～4天喷水1次。水量的多少，除应视池内土壤状况外，还与窖内温度、蒜苗大小有关：如温度高、蒜苗大，则灌水量要多；反之，灌水量则小些。为使蒜苗健壮，收获前3～4天停止灌水。

(4)保温通风　蒜黄是软化栽培的蔬菜，其生长期间仅靠种瓣贮存的营养而无须进行光合作用，因而管理上要注意保温。在寒冷季节仅靠保温往往达不到其生长适温的要求，因而还要生火加温。若遇到窖内温度过高应及时通风，通风既可降温又可排湿，还可排除积贮在窖内的有害气体，但通风应在傍晚或夜间进行，以免光照使蒜黄变绿。

5. 收获　一般在播后20～25天、蒜黄长至30～35厘米时即可收获第一茬蒜黄。收获时刀要快，刀口要齐，不可伤及蒜瓣。收割后不要立即喷水，防止刀口感染。3～4天后再灌水，促进第二茬生长，20天左右可收第二刀，再过20天可收第三刀。收获后的蒜黄要捆扎成捆，将其放阳光下晾晒片刻，使叶片由黄色转至金黄色，称为“晒黄”。晒的时间要根据天气情况而定，以晒成黄色为标准。气温低时稍晒片刻即装筐，以防止冻害。

一般蒜黄的产量为每千克蒜头收蒜黄1.2～1.5千克，但12月份之前及翌年1月份之后进行蒜黄生产，其产量会大大降低，而且品质不好。因此，蒜黄多于12月份至翌年1月间栽培收获，以供应元旦至春节市场。

四、大蒜栽培中常见的问题

(一)裂头散瓣

蒜头的外面原来是由多层叶鞘(蒜皮)紧紧包裹着,蒜瓣不易散裂。如果包被蒜头的叶片数少,蒜瓣肥大时会将叶鞘胀破;或叶鞘破损、腐烂,蒜瓣外部压力减小;或蒜头的茎盘发霉腐烂,蒜瓣与茎盘脱离,这些均会造成蒜头开裂、蒜瓣散落的现象。产生这种现象的原因有以下几个方面。

1. 品种特性 有的蒜头品种外皮薄而脆,很容易破碎。

2. 地下水位高,土质黏重 在地下水位高、土质黏重的地块种植大蒜,由于排水不良,土壤湿度大,叶鞘的地下部分容易腐烂,造成裂头散瓣。可采用高畦栽培或选择地下水位较低的壤土或砂壤土栽培。在轻、松土壤上实行地膜覆盖栽培时,应在蒜瓣萌芽期分两次将畦面轻轻拍实,然后覆盖地膜,使蒜苗的生长稳定,以免蒜瓣露出地面而发生裂头散瓣。

3. 播期不当 播种期过早时,在蒜头膨大盛期植株早衰,下部叶片多变枯黄,蒜头外围的叶鞘提早干枯,蒜头肥大时易将叶鞘胀破,造成裂头散瓣。播种过晚时,花芽分化时的叶片数少,蒜头膨大时也容易将叶鞘胀破。播种期适宜时,花芽分化时有较多的叶片,可以较好地保护蒜头。

4. 田间管理措施不当 中耕、灌水、追肥不当都会引起裂头散瓣。

秋播大蒜早春返青后,要浅中耕;蒜头肥大期应停止中耕,以免损伤蒜头外皮。蒜头收获前半个月左右灌水过多或降雨过多或排水不良时,由于土壤湿度大,地温又高,蒜头外皮容易腐烂,造成裂头散瓣。所以，收获前应根据土壤墒情和天气情况，适当控制灌水，并做好开沟排水工作，降低土壤湿度。植株生长期间要避免多次大量施用速效性氮肥，防止由于发生二次生长而造成的裂头散瓣。已发生二次生长的植株要适当提早收获，否则易裂头散瓣。

5. 采收时期及方法不当 过早抽取蒜薹或抽蒜薹时蒜薹从基部断裂，造成蒜头中间空虚，也容易散瓣。蒜头采收过迟，蒜头外皮少而薄，特别是当土壤湿度大时，外皮易腐烂，茎盘易枯朽，造成裂头散瓣。除了要掌握蒜头成熟期标准外，蒜头收获后应及时将根剪去，则残留在茎盘上的根段在干燥过程中呈米黄色，而且坚实紧密，对茎盘可起保护作用，不易散瓣。

6. 蒜头收获后遇连阴雨 蒜头收获后遇连阴雨无法晒干时，如果堆放在室内，茎盘易霉烂，造成散瓣。收获的蒜头数量少时可将大蒜植株移至室内，蒜头朝上摆放在地上晾；量多时可将蒜头朝下摆在秫秸架上，上面用苫席和防雨布遮盖，周围挖排水沟，待雨停后立即揭席通风。

7. 贮藏方法不当 蒜头经晾晒后移至室内挂藏时，如果过于拥挤，而且离地面又近，在多雨季节蒜头会返潮，导致茎盘发霉腐烂，引起裂头散瓣。

(二)二次生长

大蒜二次生长是蒜头收获前蒜瓣就萌发生长的异常现象。国内外称这种现象的名词很多，除二次生长外，还有次生蒜、马尾蒜、胡子蒜、分株蒜、分杈蒜、背娃蒜、复瓣蒜、再生叶薹、收获前萌发、母子蒜、分球、带侧枝蒜等。大蒜二次生长使大蒜既不能留种也不能食用，严重地降低了大蒜的商品价值和经济效益。

1. 二次生长类型 根据二次生长在大蒜植株上发生的部位，可分为以下3种类型。

(1)外层型二次生长 大蒜植株外层叶片的叶腋中萌生1至

数个鳞芽,鳞芽延迟进入休眠而继续分化和生长,形成独瓣蒜,或没有花薹的分瓣蒜,或有花薹的分瓣蒜,结果在蒜头的外围着生一些排列错乱的蒜瓣或小蒜头,使整个蒜头成为畸形。这种类型的二次生长对商品品质的影响最大。

(2)内层型二次生长　在大蒜植株内层叶片的叶腋中,正常分化的鳞芽延迟进入休眠,鳞芽外围的保护叶继续生长,从植株的叶鞘口伸出,形成多个分杈。有的分杈发育成正常的蒜瓣;有的分杈发育成分瓣蒜,其中有少数分瓣蒜还形成了花薹。轻度的内层型二次生长对蒜头的外形影响不大,发生严重时,蒜薹变短,薹重降低,蒜瓣排列松散,蒜头上部易开裂,所形成的分瓣蒜外观酷似一个肥大的正常蒜瓣,常被选作蒜种,但播种后由一个种瓣中长出两株至多株蒜苗,从而影响所生蒜头的产量和质量。

(3)气生鳞茎型二次生长　蒜薹总苞中的气生鳞茎延迟进入休眠而继续生长成小植株,甚至抽生细小的蒜薹。发生气生鳞茎型二次生长的植株,常使蒜薹短缩而丧失商品价值,但对蒜头的影响不大。这种类型的发生率一般很低。

除了上述3种基本的二次生长类型外,有时在同一植株上还会出现两种类型混合发生的情况。

2. 产生二次生长的原因

(1)品种遗传性　大蒜二次生长类型及发生的严重程度与品种遗传性有关,归纳起来有以下3种情况。

①只发生内层型二次生长,不发生外层型二次生长的品种　有软叶、温江红七星、苏联红皮蒜系统的品种(改良蒜、徐州白蒜、鲁农大蒜、宋城大蒜等),天津红皮,上海嘉定蒜,新疆伊宁红皮、吉木萨尔白皮,青海格尔木红皮,甘肃民乐大蒜、乐都大蒜、临洮白蒜、临洮红蒜,辽宁开原大蒜,江苏太仓白蒜,内蒙古土城小瓣、土城大瓣,延安白皮,银川紫皮、白皮狗牙蒜,黑龙江阿城白皮、阿城紫皮,广西紫皮,陕西耀县红皮、榆林白皮、陇县大蒜、清涧紫皮等。

②内层型及外层型二次生长均可发生的品种 有金堂早、二水早、彭县蒜、蔡家坡红皮、兴平白皮、苍山大蒜、普陀大蒜、商县黑皮、白河白皮、襄樊红蒜、毕节大蒜、山西紫皮、宝鸡火蒜、呼沱大蒜等。

③不发生二次生长的品种 有陕西宁强山蒜，广东新会火蒜，广东金山火蒜，广东普宁大蒜，广东韶关忠信蒜等。其中陕西宁强山蒜如果在播种前将种瓣进行5℃低温处理40天或在鳞茎分化期至收获期给予8小时短日照处理，均会发生内层型二次生长。

以上情况表明，大蒜产区对当地的大蒜品种或引进外地品种时，在了解其丰产性和商品性的同时，还应了解其二次生长情况，尽量选择不易发生二次生长，特别是不易发生外层型二次生长的品种。

大蒜二次生长类型虽然主要取决于品种的遗传性，但不同品种间的遗传稳定性有差异。一般只发生内层型二次生长、不发生外层型二次生长的品种及不发生二次生长的品种，遗传性较稳定，在田间栽培条件下，在不同年份中均可保持其遗传特性。而内层型和外层型二次生长均可发生的品种，遗传性不够稳定，有时二者同时发生，有时只发生外层型二次生长或只发生内层型二次生长。至于二次生长发生的严重程度则与栽培技术和气候状况也有密切关系。

(2)蒜种贮藏期间的温度和湿度管理不当 低温加上高湿将会提高大蒜外层型和内层型二次生长株率。在蒜种贮藏期间不但要避免低温，而且要避免75%以上的空气相对湿度。

(3)播种期不当 蒜瓣是由鳞茎盘上叶腋的侧芽发育形成的，同时受温度、光照、养分等多方面的影响，因此盲目提前播期，也是使大蒜产生二次生长的一个主要原因。

(4)栽培管理措施不当 大蒜的适应性较强，但在生长过程中对环境条件、养分、水分都十分敏感，管理过程中的大肥大水和偏施氮肥，都会造成大蒜产生二次生长。

3. 大蒜二次生长的防治措施

(1)选用优质蒜做种　农谚说"好种出好苗，好苗产量高"，栽种大蒜时首先要选择好蒜种，应选择色泽洁白、顶芽肥大、无病无伤的蒜瓣，要坚决淘汰掉断芽、腐烂的蒜瓣。

(2)改善贮藏条件　在播种前 30 天，将蒜种贮藏在温度为 20℃以上、空气相对湿度为 75%的环境中，这样即可有效地控制二次生长的产生。

(3)严格播种期　适宜大蒜鳞茎膨大的温度为 20℃～25℃，温度高于 26℃大蒜则进入休眠；日照时数低于 13 小时，新叶虽可继续分化，但不能形成鳞茎盘上的侧芽，所以大蒜栽种时必须因地、因种严格掌握播期，不能盲目提早播种。

(4)适当进行蒜种处理　播种前将种蒜在阳光下晾晒 2～3 天，使蒜瓣间疏松，容易掰蒜瓣。播时剥掉蒜皮，除去残留茎盘，这样既可减少大蒜二次生长的产生，又可以使其萌芽早、出苗整齐。

(5)合理密植　合理密植有利于大蒜整齐及个体生长，白皮蒜的最佳行株距为 16 厘米×10 厘米，红皮蒜的最佳行株距为 10 厘米×8 厘米。

(6)加强管理措施　在大蒜的整个生长期中，需要加强肥水供应，但不适宜大肥大水。在最关键的鳞茎膨大期，每 667 平方米可追施大蒜专用复合肥 25～30 千克，每 3～5 天灌 1 次小水，保持地表不干即可。此期还可以叶面喷施磷酸二氢钾 600 倍液 2～3 次，以增补磷、钾肥。

(三)过　苗

1. 产生原因　如果秋播大蒜冬前温度较常年偏高，将会加速蒜苗生长。冬前大蒜长至 7～10 片叶(越冬最佳苗龄为 5～7 叶)，出现过苗现象，致使蒜体因生长过快，出现营养积累较差、抗逆性降低、年后返青慢、病害重及高产潜能降低等问题。

2. 防治措施

(1)合理施肥　大蒜在春季要完成返青、幼苗旺盛生长、蒜茎伸长、蒜头膨大等一系列的生育过程。大蒜在施足基肥的基础上，春季仍需追肥，追肥量控制在纯氮(N)12.5 千克、钾(K_2O)5 千克。施肥要掌握好营养旺盛生长期(4 月上中旬)为氮肥最大效率期及蒜头膨大期(谷雨至立夏)为钾肥最大效率期。因此，冬春大蒜在管理上要早抓，针对存在的问题搞好高产配套技术管理，以确保大蒜高产丰收。

(2)巧施返青肥　大蒜返青后可趁雨雪天气，每 667 平方米撒施 40％氮、硫肥 15～20 千克或尿素 10～15 千克，以弥补年前因旺长过度消耗土壤养分的不足，提高供肥能力，满足大蒜返青对养分的需求。

(3)重施提苗肥　在 4 月上旬(清明节前后)每 667 平方米施 40％氮、硫肥或尿素 30～40 千克。可采用撒施和冲施相结合的方法进行。此期重施以氮、硫为主的肥料，配合能增加土壤生物活性氮供应的暖性肥料，以提高土壤供肥和加速增强根系吸肥能力，满足大蒜旺盛生长对养分的需求。

(4)施好膨大肥　在蒜薹露出缨时(多在谷雨前后，最迟不能晚于 4 月底)，可每 667 平方米随水冲施高氮高钾型冲施肥料15～20 千克以加速蒜头膨大。以后根据天气情况只灌水，不再实行地面施肥。

(5)高产配套增大剂施用　全生育期要喷施大蒜增大剂 3 次，分别在 3 月中旬、4 月中旬和 4 月底结合喷药进行，每 667 平方米蒜头产量增重 200～300 千克。

(四)根　蛆

近年来大蒜根蛆为害逐年加重，若防治不及时或选用高毒高残留农药，往往造成减产、散头或农药残留超标而失去商品价值。根蛆的发生规律及防治措施见第六章。

（五）大蒜黄叶干尖

1. 产生原因

（1）正常的生理现象　在大蒜生长“烂母”期，植株生长迅速，需要的养分增加，而种蒜内营养消耗殆尽，这时大蒜生长依靠根系吸收营养，再由蒜母供应营养转为根系吸收营养的过程中，蒜苗营养青黄不接，供应不平衡，便出现黄叶，颜色由浅至深，直至干尖产生。这种正常的生理现象通常在植株下部1～4片叶上出现，红皮蒜在6叶期发生，白皮蒜在10叶期发生。

（2）不正常气候的影响　大蒜属喜冷凉蔬菜，茎叶生长的适宜温度为12℃～16℃，当气温达到26℃以上时，叶片呼吸旺盛，水分蒸腾大，养分消耗多，这时在植株上部叶片顶端产生黄叶，从叶尖向基部逐步发展，进而出现干尖。如遇上干热风，对叶片危害更重。干尖发生越早，危害越重。

（3）栽培措施的影响　大蒜的根系是喜湿根系，须根分布范围小，对水肥要求较高。土壤过干或过湿，肥力不足，极易出现黄叶干尖。另外，连年重茬种植，密度过大，缺乏氮素或钾素肥料也易出现黄叶干尖现象。由于此种原因产生的黄叶干尖在生产上较普遍，常在植株上部叶片上发生。

（4）大蒜退化或感染病毒　由于大蒜长期用蒜瓣进行无性繁殖，造成大蒜退化，生长势降低，抵抗病害能力及适应不良环境的能力下降，若遇上不当的栽培措施，便产生黄叶，出现早衰，严重地影响蒜薹和蒜头的产量和品质。

2. 防治措施

（1）精选优良品种　选择蒜瓣肥大，底芽齐全，顶芽肥壮，色泽洁白，无伤口，无病斑的蒜瓣作种。蒜瓣大、蒜母营养多，植株壮，抗逆性强，形成的蒜薹粗、蒜头大，产量高。

（2）提纯复壮　建立大蒜种子田或用气生鳞茎繁殖，恢复大蒜种性，以提高生活力。也可以用茎尖培育无毒的脱毒大蒜。

（3）精心栽培　①选择土质疏松、肥力较高的砂壤土，种植前力争每667平方米施农家肥4 000千克。②合理密植。③苗期每667平方米撒施草木灰100千克，既防止土壤干裂伤及蒜根，又增施钾肥。④在早春用小锄松土保墒除草3～4次，创造良好的根系生长环境。⑤掌握蒜苗生长期墒情，保持田间最大持水量60%～70%，否则土壤过干过湿均易产生黄叶干尖现象。⑥在"烂母"前10～15天每667平方米施尿素10千克，满足此期大蒜根系吸收。⑦在蒜苗生长前期对叶面定期喷施络氨铜·锌、疫霉清、磷酸二氢钾等，以提高大蒜的抗逆性。⑧在外界气温高、昼夜温差小时早晚用清水喷雾，补充水分或喷施150毫克/千克的亚硫酸氢钠溶液，抑制植株营养消耗，减少叶片水分蒸发，缓解干热风的危害，延缓叶片发黄和植株早衰。

（六）抽薹不良

大蒜的抽薹性主要取决于品种的遗传性，有完全抽薹、不完全抽薹及不抽薹品种之分。但有时原来是完全抽薹的品种却出现大量不抽薹或不完全抽薹的植株，这是由于环境条件不适或栽培措施不当造成的。贮藏期间已解除休眠的蒜瓣，或播种后的萌芽期和幼苗期，在0℃～10℃的低温下经30～40天即可以分化花芽和鳞芽，而后在高温和长日照条件下发育成正常抽薹和分瓣的蒜头。如果感受低温的时间不足，就遇到高温和长日照条件，花芽和鳞芽不能正常分化，就会产生不抽薹或不完全抽薹的植株，而且蒜头变小，蒜瓣数减少，瓣重减轻。秋播地区将低温反应敏感型品种或低温反应中间型品种安排在春季播种时，便会出现这种情况。

将从春播地区引进的低温反应迟钝型品种在秋季或春季播种

时，一般都不抽薹；其中也有少数品种，如新疆伊宁红皮无论秋播或早春播，抽薹率可达100%。

秋播或春播时间过晚，低温感应不足，植株瘦弱，营养生长不良时，不分化花芽；大的种瓣则形成不抽薹的分瓣蒜，小的种瓣则形成不抽薹的独瓣蒜。

引种时应了解品种的抽薹习性及原产区的纬度和海拔高度，避免盲目引进造成减产或歉收。

(七)管状叶

大蒜的正常叶片是狭长而扁平的，管状叶则呈中空的管状，形似葱叶。近年来，在陕西关中苍山大蒜产区，管状叶现象时有发生，发生株率一般在20%左右，严重的地块达30%以上。陕西陇县大蒜、呼沱大蒜也有管状叶现象发生，发生株率均超过30%。

管状叶多在蒜薹外围第一至第五片叶上发生。蒜薹外围第一片叶为管状时，蒜薹的总苞被套在管状叶中，蒜薹生长缓慢，以后随着总苞的伸长和加粗，管状叶基部被胀破，但总苞的上部仍被套在管状叶中，总苞成为环形。蒜薹外围第二片叶为管状叶时，蒜薹及蒜薹外围的第一片叶均被套在管状叶中；蒜薹外围第三片叶为管状叶时，则蒜薹和蒜薹外围的第一片和第二片叶均被套在管状叶中，依此类推，管状叶发生的叶位愈向下，被套在管状叶中的叶片数愈多，使正处在鳞茎肥大期的植株，减少了制造养分的器官，导致蒜薹、蒜头产量和质量显著下降。

管状叶的发生除了与品种特性有关外，还与蒜种贮藏温度、种瓣大小、播期与土壤湿度有关。据程智慧等(1990)报道，蒜种在5℃或15℃下贮藏，管状叶发生株率比在25℃下贮藏的显著提高。大种瓣管状叶发生株率较高，蒜瓣重为3.75～5.75克的大种瓣，管状叶发生株率比1.75克重的小种瓣高一倍多。播种期早，管状叶发生株率高。8月11日至9月10日播种，管状叶发生株率为

20%以上;9 月 24 日播种,管状叶发生株率下降至 9.7%。土壤相对含水量低于 80%,管状叶发生株率提高。

根据目前已知的有关大蒜发生管状叶现象的原因,秋播地区可采取以下防治措施:蒜种要在室温下贮藏,避免长期处于 15℃以下的冷凉环境中;选用中等大小的蒜瓣播种;适期晚播;保持适宜的土壤湿度,避免长期缺水。一旦发现管状叶,可及时划开,以消除或减轻对蒜薹和蒜头的不利影响。

(八)独头蒜

1. 产生原因　独头蒜是大蒜不分化鳞瓣、不抽花茎,每头仅有一瓣的现象。独头蒜产量低、无蒜薹,其发生的原因有二:一是春播时间太晚,气温较高,不能满足植株通过春化阶段所需的低温及时间,未通过春化阶段的植株不能进行花芽、鳞芽的分化,因此营养芽在长日照下形成独头蒜;二是种蒜瓣太小,或是气生鳞茎,由于营养不足,未能进行花芽、鳞芽分化而形成独头蒜。

2. 防治措施

(1)尽早翻地　秋播大蒜在前茬收获后立即耕翻土地,耕深28 厘米以上,精耕细耙,整平做畦。畦宽以 1.5～2 米为宜,畦长一般不要超过 30 米。为便于浇水,畦长以 20～25 米为好。大蒜为浅根系作物,根系浅,吸肥力弱,对基肥质量要求较高,要选择全效优质的有机肥料一次施足。大粪忌用生粪,施前要充分腐熟,捣碎倒匀,以防在田间发酵,引起蒜蛆为害,影响幼苗生长发育。一般每 667 平方米施入充分腐熟的优质有机肥 5 000～6 000 千克、过磷酸钙 40～50 千克、硫酸钾 25～30 千克、大蒜专用复合微肥5～10 千克。对于酸性土壤,在耕地前施入 100～150 千克生石灰,以中和酸性。

(2)种蒜选择　种蒜是大蒜幼苗期的主要养分来源,且大蒜的幼苗期长达 160～180 天,所以种蒜的大小好坏,对产品质量的影响也很大。种瓣愈大，植株生长势愈强，而形成的大蒜也愈重。因此，在收获时要根据品种的特征特性，先在田间进行株选，播种前再次选瓣，挑选洁白肥大、无病无伤的蒜瓣作种蒜，一般选择每500克蒜瓣为70～130瓣。这样的蒜瓣贮藏养分多，在相同的栽培条件下株高、叶数、鳞芽数、蒜薹和蒜头重量均高于小瓣蒜，而且用这样的蒜瓣作种，不容易出现独头蒜。

(3)加强大蒜中后期的田间管理　及时追肥、浇水，以满足大蒜多分化鳞茎的需要。春节后一般要施入磷酸二铵25～40千克、硫酸钾15～20千克，根据土壤墒情和天气情况适时灌水。

(4)选择适宜土质　大蒜要栽种在中性土壤，土壤过碱即pH值过大，则产生的独头蒜就多。

(九)其　他

1. 种性退化现象　大蒜种性退化现象在我国中南部地区发生十分严重，这是大蒜逐年减产的主要原因。其发生原因及防治方法见良种繁育部分。

2. 开花蒜　蒜头外皮破裂，蒜瓣上部向外裂开，似开花状，俗称开花蒜。在鳞茎肥大期，锄地时如将假茎的地下部分或蒜头的外皮损伤，则蒜瓣肥大时产生的压力使蒜头上部的外皮破裂，蒜瓣间产生空隙，然后上部向外裂开。刚收获的新鲜蒜头，如果假茎基部受伤破裂，以后在贮藏期间也会发生“开花”现象。所以，在鳞茎肥大期锄草时，要特别注意，避免损伤蒜头；在收获、晾晒及整理过程中也要避免假茎基部受损伤。

3. 变色蒜　白皮大蒜品种的外皮变为红色或白色中夹杂有红色条斑，称为变色蒜。发生变色的主要原因是：播种过浅，灌水或中耕后蒜头裸露，受太阳光直射；鳞茎肥大期高温干旱，土壤水分不足，收获期太晚。另一种变色蒜是蒜头外皮变为灰色或黄褐色。发生变色蒜的主要原因是：种植地排水不良；收获期遇连阴雨，土壤湿度过大；收获后未及时晾晒；贮藏场所通风不良，湿度大。

4. 棉花蒜　据罗文信报道，大蒜在贮藏期间，有些蒜头外观完好但内部蒜瓣干缩变黑，整个蒜头成为空包，俗称“棉花蒜”。其发生的主要原因是受菌核菌侵染。毛霉、根霉等腐生霉菌的寄生也能发生棉花蒜。蒜头收获后未充分晾晒就堆成堆，使蒜堆湿度大，温度高，极易感病。

5. 腰蒜　有的大蒜品种假茎中部在抽薹期和鳞茎膨大期逐渐膨大，形成小蒜头，有的假茎甚至开裂，露出小鳞茎。小蒜头一般由几个蒜瓣构成。由于这种小蒜头位于大蒜植株的腰部，因此称为“腰蒜”。解剖观察可见，这种腰蒜实际着生于蒜薹顶端，是蒜薹上的气生鳞茎。这是由于这些植株的蒜薹伸长生长不足，尚未伸出假茎，气生鳞茎就膨大的缘故。

腰蒜的发生主要与品种的抽薹性有关，一般发生在半抽薹品种上；或完全抽薹品种引入异地栽培时，由于蒜薹分化和发育条件不充分，花芽分化晚，抽薹晚，表现出半抽薹性。由于未抽出假茎的蒜薹一般都不采收，随着外界环境温度的升高和日照时数的延长，大蒜植株生长受到抑制，鳞茎加速膨大，蒜薹顶端的气生鳞茎也随之在假茎腰部膨大，故而形成腰蒜。

防止腰蒜发生，一是要合理选用品种，科学引种；二是要注意创造花芽分化和抽薹的环境条件，以满足品种花芽发育的需要。

6. 葱头蒜　大蒜植株基部不能充分膨大形成蒜头，稍稍膨大的鳞茎内无肥大的蒜瓣，而是由一层层松散排列的叶鞘基部构成，形似洋葱的葱头，故名“葱头蒜”。这种现象在新疆种植的吉木萨尔白皮蒜的地区时有发生，在陕西大蒜产区也曾有发生。

葱头蒜的发生，首先是由于蒜种贮藏期间或播种后没有经历足够天数的低温，其次是栽培管理粗放致使蒜苗生长瘦弱，鳞芽不能分化，故不形成蒜瓣。

陆帼一等(1994)还发现，在引自高纬度地区的低温反应迟钝型品种中，有些品种(甘肃民乐蒜、临洮红蒜、临洮白蒜，内蒙古土城小瓣，黑龙江阿城白皮蒜)鳞芽分化发育期光周期经 8 小时和 12 小时的处理，蒜种处理温度不论是 5℃、20℃，还是 35℃，都形成“葱头蒜”；而光周期经 16 小时的处理，在 3 种蒜种温度处理中，都可以形成正常蒜头。可见产生“葱头蒜”的重要原因之一，是由于鳞芽分化发育期日照时间不足造成的。

气生鳞茎特别肥大，而且发生二次生长的植株，也易产生“葱头蒜”，显然这是由于养分集中到气生鳞茎中，而抑制了鳞芽发育的缘故。

7. 瘫苗 大蒜未达收获期，植株假茎便变软，叶片枯黄，瘫伏在地上，称为“瘫苗”，亦称“瘫秧”，这是一种早衰现象，严重地影响大蒜的产量和品质。产生瘫苗有以下几个原因：①与品种习性有关。例如，天津宝坻红皮大蒜中的抽薹蒜很少早衰，而割薹蒜早衰严重，一般年份瘫苗率达 70%，成为该地区大蒜生产中的一大障碍。②重茬地病虫害严重，地下害虫为害根系，使植株吸水吸肥能力减弱。③葱蓟马及葱潜叶蝇为害叶片使植株营养不良，引起植株早衰。④肥水管理不当，秧苗营养不良或过量施用氮肥使苗徒长，也容易引起瘫苗

五、大蒜及蒜薹贮藏技术

(一)大蒜贮藏

大蒜的休眠期通常为 2～3 个月。低温、低湿有利于大蒜进入休眠期，有利于贮藏。大蒜最适宜的贮藏温度为 0℃，贮温高于 5℃时易发芽。要求空气相对湿度低于 80%，氧气为 3%～5%，二氧化碳为 12%～16%。适时采收对贮藏也很重要，如采收过早，叶中养分尚未完全转移到鳞茎，鳞茎不充实，含水量高，不耐贮藏；

采收过迟，干枯的叶鞘不易编辫，若遇雨或高温环境，蒜皮易发黑，蒜头开裂，也对贮藏不利。

1. 挂藏法　大蒜采收后在通风干燥处摊开，晾晒2～4天，促使蒜头和茎叶迅速干燥，进入休眠状态。晾干后的大蒜，经挑选剔除机械伤、腐烂及有病虫害的蒜头，可编成辫子。夏秋之间放在临时凉棚、冷凉室内或通风贮藏库内。冬季为避免受潮受冻，最好移入通风贮藏库内；也可将蒜头假茎用镀锌铁丝串起来，悬挂在屋檐下，或者先将带叶鞘的大蒜每8～10头扎成一小把，再一排排整齐地串挂在屋檐下的铁丝或绳索上，使蒜头自然风干。采用此贮藏法，鳞茎不易腐烂，质量好，且简单易行。

2. 冷　藏

(1)冷库贮藏　有冷藏库的地方，蒜头收获后，当外界日平均温度尚高时(25℃～28℃)，可在室内或防雨棚下贮藏一段时间，待蒜头生理休眠期结束、外温开始下降时，移进冷藏库贮藏。冷库内温度控制在0℃±1℃，空气相对湿度为70%～75%。若湿度过高，可用生石灰吸湿。大蒜出库前要缓慢升温，以防止蒜头表面结露。在此环境中，一般可贮藏5个月左右。在秋播地区，可以使蒜头的供应期延长到年底。

(2)冷窖贮藏　我国北方春播地区的农村利用当地自然低温条件，采用冷窖贮藏蒜头，效果也很好。其做法是：选择地势高、土质坚实、管理方便的地点挖窖。冷窖内的环境要求冷凉、干燥，所以冷窖地下部分的深度和地上部分的覆土厚度应根据当地的气候条件决定。如果窖过深，窖内温度偏高，贮藏的蒜头易受热；窖过浅，蒜头易受冻。以吉林省临江县为例，冷窖的地下部分以1～1.2米为宜，窖上盖土厚度为13～16厘米。窖宽2～2.4米，窖长根据地形和贮藏量决定。窖的两头各留1个窖门，窖顶每隔1.7米长留1个天窗，以便通风换气和调节窖内温、湿度。窖中间留人行道，人行道的两侧用木棍搭架，以便于挂蒜。

蒜头下窖的时期应选在田间地面刚结冻时。下窖以后的管理主要是根据天气变化，调节窖内温、湿度。温度保持在0℃左右，空气相对湿度保持在70%～75%。当温度和湿度超过指标时，如果天气晴暖，待太阳出来以后把门和天窗打开通风排湿。如果外温低，仅需打开天窗即可。窖内温度降至1℃～2℃时，将门、窗全部关闭，并将窖顶覆土加厚。翌年春季地面化冻、外温上升后，如果窖内温度偏高，可在清晨或傍晚外温降低时，打开门窗通风，以保持窖内的低温环境。用冷窖贮藏的蒜头可贮藏到4月份。

3. 气调贮藏法 用0.23～0.4毫米厚的聚乙烯塑料薄膜帐，在帐底先铺一层塑料布，其上铺一层草帘子、刨花等。其内可用挂藏或架藏设备贮藏，也可堆藏。罩上帐后，帐的底边用土埋好封严。帐上两头设有袖口，四壁有取样孔。帐内氧气控制在2%以上，二氧化碳控制在16%以下，若超出这一标准，应用鼓风机进行帐内换气。贮藏期间要定期检查蒜头质量情况。

4. 气调冷藏 参见以下“(二)蒜薹贮藏”中的气调冷藏技术。

5. 辐射贮藏法 采收$^{60}Co\gamma$射线辐射后的大蒜，在常温下贮藏，可以做到周年供应。适宜的照射剂量是2.85～5.16库仑/千克。辐射是一种节约能源、无药物残留、可改善食品品质和彻底杀虫灭菌、适用于大规模连续加工食品的保鲜手段，具有适应性广、效果好的优点。

6. 药物贮藏法 用1%的青鲜素水溶液在收获前1周喷洒大蒜的茎、叶，大蒜可贮藏到翌年4月份不出芽，不腐烂。

(二)蒜薹贮藏

1. 冰窖贮藏 冰窖贮藏是蒜薹最古老的贮藏方式。冰窖贮藏的蒜薹新鲜度很好，腐烂率为20%以上。较寒冷的北方地区，如吉林、北京、开原、沈阳等地仍沿用此法贮藏蒜薹。这种方法比较简单、经济有效，其主要技术如下。

(1)窖址选择　选地势高燥、土质坚实和管理方便的地点挖窖。地下水位距窖底不得少于1米。土质疏松的地点须砌砖墙。于上冻前建窖。

(2)冰窖结构　窖的形式因地下水位的不同可分为全地下式和半地下式两种。地下水位稍高的地点可建半地下式,但露出地面的墙体外面必须培1米厚的土层以隔热保温。地下水位低的地点可建全地下式冰窖。窖坑长方形,深约3米,长和宽根据贮藏蒜薹的数量决定。

为了随时排除窖内积水,窖底的三面要修成斜坡。窖底中间设排水沟,使水向窖底的另一端流。在窖外,距窖3～5米处设排水井,井底比窖底低2米,开口80厘米,井壁为钢筋水泥结构,井口须盖盖子。井壁面向窖内排水沟的一侧开一个直径为30厘米的渗水口,使窖内的积水通过窖底部的排水沟经渗水口流入排水井。

为防止冰窖漏雨和阳光直射,窖的顶部需建造人字形棚顶,其上铺保温材料如秫秸把和稻草,再盖上塑料布。

(3)贮藏前的准备　于严冬时节在河中采集大冰块,用刨刀修整成长、宽、高各50～60厘米形状整齐的冰块。在窖底和四周各铺两层冰块,砌成冰墙,上面再撒上20厘米厚的碎冰拍平、压实,边撒碎冰边用喷壶洒水,使其结成一层冰盖;冰盖上面再覆盖40厘米厚的谷壳或高粱壳等隔热材料。入窖前,将有病斑、虫伤的残次蒜薹全部剔除。用掺有冰块的冷水将蒲包浸泡降温,每个蒲包装10～15千克蒜薹,再放在冰块上预冷4～5小时,而后入窖。

(4)入窖　将经过预冷的蒜薹包斜摆在冰上,尽量摆紧,少留空隙,而后用碎冰块填满空隙,上面再铺一层大冰块,依次可摆3～4层。在最上层冰块上撒20厘米厚的碎冰,拍实拍平。碎冰上再盖20厘米厚的高粱壳、谷壳等隔热材料,以后随着外温的降低加厚至40～50厘米。

(5)入窖后的管理　蒜薹入窖后,每隔6～7天要进窖检查1次,如发现冰块间有空隙,要扒开隔热材料用碎冰填好。同时,要经常检查冰窖外面的排水井,如果排水井的渗水口经常滴水,表明窖内冰块没有融化,滴水系土壤中的水分渗出造成的。如果渗水口有大量水流出,表明窖内冰块已融化,应将蒜薹及时取出上市或进行倒窖。

小冰窖如果管理得当,窖内温度可保持0℃,空气相对湿度接近100%,符合蒜薹保鲜的环境条件。

2. 一般冷藏　一般冷藏是指在冷藏库中利用机械制冷系统控制所需低温的贮藏方式。采收后的蒜薹要仔细挑选,淘汰有病斑、虫伤、划伤、霉烂及总苞膨大变白的蒜薹。每0.5～1.0千克扎成一把,在冷库中预冷后装在筐里,每筐约装15千克。筐子码成垛,筐与筐之间、垛与垛之间均须留有空隙,以利于通风。冷藏库中的温度保持在0℃±0.5℃,空气相对湿度保持在90%以上。这种贮藏方式比较简单易行,但贮藏期较短,一般为3个月左右。

3. 气调冷藏

(1)适宜的贮藏条件　温度为−0.7℃±0.3℃;空气相对湿度为85%～95%;气体成分:硅窗袋2%～3% O_2、5%～8% CO_2;定期放风袋0.8%～1.0% O_2,12%～14% CO_2,在以上条件下蒜薹的贮藏期为10个月以上。

(2)贮前处理　采收期应以薹苞下部变白、蒜薹顶部开始弯曲为标志,选择健壮、皮厚、可溶性固形物含量高、表面蜡质发达、薹梗深绿的蒜薹作长期贮藏。收获蒜薹的时间宜在晴天下午,因此时薹梗膨压下降、韧性增强,容易抽出。采收蒜薹时应防止机械伤。

蒜薹在高温条件下迅速老化,其适宜贮藏温度为0℃。所以,应尽量缩短采收、运输和加工处理时间;最好实行就地贮存,尽量避免长途运输。如果要从远处调运蒜薹,须用冷藏车。

采收的蒜薹应先在凉棚中散热，同时进行加工处理。其加工办法是：左手戴线手套，右手用清洁无锈剪刀剪去薹部纤维化即老化部分，除去叶鞘，用聚乙烯塑料条(带)将每1～2千克蒜薹扎成一把。

蒜薹在贮藏前，对所有用具和库房都要严格消毒。常用的消毒剂有硫磺、漂白粉、40％甲醛溶液、仲丁胺及塞芬咪唑烟剂等。一般先将库温降低到0℃，将蒜薹直接进库预冷，同时用克霉灵或塞芬咪唑熏蒸处理，用量按10千克蒜薹1毫升克霉灵或每立方米容积用2～4克塞芬咪唑熏蒸，密闭库房24小时后通风换气，蒜薹经挑选整理后捆成小把以便上市。

(3)贮藏保鲜方法

①塑料薄膜大帐贮藏　首先铺好底帐，然后放上菜架，菜架的顶端和大帐顶端均做成拱形，以防止水滴直接滴到蒜薹上。将蒜薹薹梢向外摆放，每层两排，每排放30～35厘米厚。一般每帐容量为2 500～4 000千克。待蒜薹温度达0℃后，罩上大帐，并与底帐四边互相重叠卷起，并用砂土或砖块等压紧。大帐用0.2毫米厚的聚乙烯薄膜制成，并设有取气口，以经常测定氧气和二氧化碳浓度。另设进气袖口和出气袖口，袖口径为15～20厘米。

大帐可以和碳分子筛气调机相连，每天调气，使氧含量为2％～5％，二氧化碳为5％左右。也可采用充工业生氮降氧气法，即先抽出部分空气，再充入氮气，直至使帐内氧气达4％～6％为止。由于蒜薹的呼吸作用，氧气含量不断下降，当氧气降为2％～3％时，应用鼓风机吹入新鲜空气，使氧气回升到4％～6％。如此反复，将氧含量控制在2％～5％。当帐内二氧化碳达到8％时，可将消石灰抖入帐内以吸收二氧化碳，一般蒜薹和消石灰的比例为20～40∶1。此贮存法比较省工，通常2～3个月开帐加工1次。为防止贮期感病，可在帐内加克霉灵或塞芬咪唑熏蒸防腐。

②硅窗袋(帐)贮藏　在塑料袋(帐)上热合上一定面积的硅橡

胶薄膜,能够自行调节袋(帐)中的氧气和二氧化碳含量,这样做可避免塑料袋小包装繁杂的操作。

用硅窗袋(帐)贮藏蒜薹,首先须计算好硅窗面积和袋(帐)内蒜薹重量的比例。用于贮存的蒜薹其有效面积以每吨为 0.4～0.5 平方米为佳。袋(帐)内二氧化碳浓度可控制在 3%～8%,氧气控制在 3%～5%。

应用硅窗袋气调贮藏蒜薹要做到以下几点:收购的蒜薹质量要好;运输、预冷、整理、入库要快;硅窗袋以 15 千克、20 千克、30 千克 3 种规格较好,上架时硅窗口向上,小心轻放,以免刺(划)破塑料袋;窗面积是严格按照所贮蒜薹的重量所设计的,因此每袋蒜薹必须称重,才能保证最佳的气体组成;蒜薹称重装袋上架后,待温度稳定到 0℃时,用干抹布擦去袋内的水珠,检查是否有破损袋,然后扎紧袋口;保证库温稳定,以防止袋内积水造成腐烂。

硅窗气调大帐,是用 0.2 毫米厚的聚乙烯薄膜根据货架形状制成的,硅窗面积仍按每吨 0.5 平方米规格设计成主辅窗,以便更好地调节帐内气体组成。大帐的优点是管理更加简便,入库速度快,冷凝下来的水珠不直接滴至蒜薹上,薹梢腐烂减少;其缺点是库容利用率不高,蒜薹仍需改用塑料小包装袋。

③小袋包装贮藏　用 0.06 毫米厚的聚乙烯薄膜做成长100～110 厘米、宽 70～80 厘米的袋子,将小捆蒜薹放入袋中,每袋 15～20 千克。待蒜薹温度降至 0℃时扎紧袋口,要求所有袋口松紧一致,这样降氧速度大致相同,可同时松口换气。按随机取样方法监测袋内氧气和二氧化碳浓度变化。当氧含量降至 2%以下、二氧化碳升至 8%～13%时,松口通风换气。每次通气 2～3 小时,使袋内氧气回升至 18%,二氧化碳降至 2%。如果袋内有冷凝水,可用干净毛巾擦净,而后扎紧袋口。一般经验是,贮藏前期 10～15 天通风一次,后期一周通风一次。

④小袋不通风调气贮藏　用0.02～0.03毫米厚的聚乙烯薄膜制成容量为5～7千克的袋，扎口后可贮存到结束，不必松口换气，其贮存效果也好于通风气调贮藏，但成本增加，贮藏过程中袋子也容易破裂。所有采用气调贮藏的蒜薹，均须保持库温稳定。

第五章　生姜优质高效栽培技术

一、生姜栽培的基础知识

(一)生姜植物学性状与栽培

1. 根　生姜属浅根性作物,根不发达,根数稀少而且较短,生长比较缓慢,主要分布在纵向 30 厘米和横向扩展半径 30 厘米的范围内。

生姜的根主要有纤维根和肉质根两种。纤维根是指种植后从幼芽基部产生的数条不定根,这些根水平生长;随着幼苗的生长,根的数目稍有增加,但数目不多;这种根占总根量的 40%左右,其形状比较细而长,主要功能是吸收水分和养分。肉质根是生姜生长的中后期从姜母基部发生的根,它生长在姜母和子姜之上。其数量占总根量的 60%左右,形状是短而粗,主要功能是起支持和固定的作用,同时可贮藏物质,还具有部分吸收功能。

2. 茎　生姜的茎包括地上茎和地下茎两部分。地上茎直立、绿色,并为叶鞘所包被,茎端完全由嫩叶和叶鞘构成包被而不裸露在外,在一般的栽培条件下,茎高一般为 60～80 厘米,肥水好的条件下可达到 100 厘米以上。地下茎即根茎,是供食用的部分,由茎秆分枝基部膨大而成的姜球组成,根茎为不规则的掌状;主茎的姜球称姜母,一级分枝的姜球为子姜,二级分枝的姜球为孙姜,初生根茎(姜母)块较小,一般为 7～10 节,节间短而密,次生姜球块较大,节间较稀。刚收获的生姜因为鲜嫩,故称为鲜姜。根茎为淡黄色，姜球上部的鳞片及茎秆基部的鳞叶均呈淡红色。入窖贮藏月余后，姜球顶部残留的地上茎断下，根茎顶部的疤痕愈合，称"圆头"。"圆头"后的生姜，外围形成一层较厚的周皮，称为"黄姜"。黄姜翌年作姜种用时称为种姜，至收获时从土壤中扒出，称为老姜或母姜。

3. 叶　生姜的叶片互生，1/2 叶序。叶片披针形，叶色绿，具平行叶脉。壮龄功能叶一般长 18～24 厘米、宽 2～3 厘米，叶片中脉较粗，叶片下部具不闭合的叶鞘，叶鞘为绿色，狭长而抱茎，具有支持和保护作用。叶鞘与叶片相连处，有一膜状突出物，称为叶舌，叶舌内侧即为出叶孔，新生叶片即从出叶孔中抽生出来。水分供应状况对姜叶特别是新生叶的影响十分明显。在栽培中，若供水不均匀，新生叶片不能很好地抽生出来，往往在出叶孔处扭曲畸形，不能正常展开，群众称之为"挽辫子"。

4. 花　生姜的花为穗状花序，橙黄色或紫红色，花茎直立，从根茎上长出，高约 30 厘米。单个花下部有绿色苞片叠生，层层包被。苞片卵形，先端具硬尖。在我国栽培条件下生姜极少开花。

（二）生姜生长发育周期与栽培

生姜为无性繁殖的作物，它的整个生长过程基本上是营养生长的过程。其生长过程具有明显的阶段性，可分为发芽期、幼苗期、旺盛生长期和根茎休眠期。生姜每个生长时期都有不同的生长中心和生长特点。

1. 发芽期　从种姜萌发到第一片姜叶展开，历期 40～50 天。主要依靠种姜的养分发芽生长，此期虽然生长量极小，只占全期总生长量的 0.24%，但却是为后期生长打基础的重要阶段。因此，必须注意精选姜种，创造适宜的发芽条件，保证苗齐、苗旺。

2. 幼苗期　从展叶到具有两个较大的侧枝，即三股杈时期，为 65～75 天。此期以主茎和根系生长为主，生长速度较慢，生长量小,只占全期总生长量的7.83%。在栽培管理前期应提高地温,清除杂草,促进发根,并及时插姜草遮荫。

3. 旺盛生长期 从三股杈以后至收获,需70～75天。此期植株生长速度大大加快,表现分枝增多,叶数迅速增加,叶面积急剧扩大,根茎也迅速膨大,是产品器官形成的主要时期,此期生长量约占全期总生长量的91.93%。在栽培措施上应加强肥力管理,促使多发分枝和旺盛生长并保持较强的光合能力,同时应为根茎膨大创造适宜的条件。

4. 根茎休眠期 从收获贮藏后进入休眠至翌年春季幼芽萌发前的时期称为根茎休眠期。在贮藏期间,应保持适宜的温度和湿度,避免受热、受冻或干缩,使姜块保持新鲜完好。

(三)生姜对环境条件的要求

1. 温度 姜喜温暖,不耐霜,幼芽在16℃～17℃开始萌发,但发芽很慢。在22℃～25℃生长较好,高于28℃则导致幼苗徒长而瘦弱。茎叶生长期以25℃～28℃为宜,高于35℃则生长受抑制,姜苗及根群生长减慢或停止,植株渐渐死亡。根茎生长盛期要求昼温为22℃～25℃,夜温为18℃以上,方有利于根茎膨大和养分的积累,温度在15℃以下则停止生长。

2. 光照 生姜喜阴凉,对光照反应不敏感,光呼吸损耗仅占光合作物的2%～5%,为弱光呼吸植物。其发芽和根茎膨大需在黑暗环境中进行,幼苗期要求中等光照强度而不耐强光,在花荫状态下生长良好,旺盛生长期则需稍强的光照,以利于光合作用。

3. 水分 姜根群浅,吸收水分能力较弱,且叶面保护组织不发达以致水分蒸发快,因此不耐干旱,对水分的要求较严。出苗期生长缓慢需水不多,但若土壤湿度过大,则发育、出苗趋慢,并易导致种姜腐烂。生长盛期需水量大大增加,应经常保持土壤湿润,土壤持水量以70%～80%为宜。若土壤持水量低于20%,则生长不良，纤维素增多，品质变劣。生长后期需水量逐渐减少，若土壤湿度过高则易导致根茎腐烂。

4. 土壤　姜适应性强，对土质要求不很严，无论砂壤土、壤土、黏土均可种植。但在土层深厚、疏松、肥沃、有机质丰富、通气而排水良好的土壤中栽培姜产量高，姜质细嫩，味平和；在砂壤土中种植的姜块更光洁美观。生姜对土壤酸碱度的反应较敏感，生姜适宜的土壤 pH 值为 5～7.5，若土壤 pH 值低于 5，则姜的根系臃肿易裂，根生长受阻，发育不良；pH 值大于 9，生姜根群生长甚至停止。

5. 养分　生姜在生长过程中需要不断地从土壤中吸收养分，以满足其生长的要求，养分中对以氮、磷、钾三要素的需求最大。生姜属喜肥耐肥作物；它对土壤养分的吸收利用具有一定的规律。生姜全生育期吸收的养分，以钾为最多，氮次之，而后是镁、钙、磷等。不同生长期对肥料的吸收亦有差别，幼苗期生长缓慢，这一时期对氮、磷、钾三要素的吸收量占全期总吸收量的 12.25％；而旺盛生长期生长速度快，这一时期吸肥量占全生育期的 87.25％。

二、生姜栽培季节与栽培茬次安排

生姜喜温暖不耐霜，各地应在终霜期后地温稳定在 15℃时播种。我国地域辽阔，各姜区气候条件差异很大，因而播种期也有很大差别。如广东、广西等地冬季无霜，全年气候温暖，1～4 月份均可播种；长江流域各省，露地栽培一般于 4 月下旬至 5 月上旬播种；华北地区多在 5 月中旬播种；东北、西北等高寒地区无霜期短，露地条件不适于种植生姜。适期播种是获得高产的前提，若播种过早，地温尚低，出苗慢，极易造成烂种或死苗；播种过晚，则生长期短，影响产量。据蒋先明试验，播期与产量密切相关，在适宜的播种季节内，播种越迟，产量越低。

为了延长生长期以提高产量，可采用地膜覆盖或小拱棚、大拱棚等进行设施栽培。地膜覆盖一般提前15～30天播种，产量可提高20%以上；用小拱棚加地膜覆盖栽培，可提前20～30天播种，产量可提高30%以上；用大拱棚加地膜覆盖，可提前播种20～30天，延迟采收15～20天，产量可提高45%以上。

三、生姜露地栽培技术

(一)栽培时间

生姜性喜温暖，根据其发芽对温度的要求，5～10厘米地温须稳定在16℃以上时方可播种。为了获得高产，需适时播种，不可过早或过晚。若播种太早，地温低，迟迟不能出苗，出苗后苗也很弱；若播种太晚，则生长期短，也会造成减产。一般于5月上旬播种，5月底至6月初出苗，在10月中下旬初霜到来之前收获。

(二)播　种

1. 整地做畦　选择有机质丰富、疏松透气、排灌良好、土壤反应中性或微酸性的地块。但近2～3年内发生过姜瘟病的地块不可再种。通常于前茬作物腾茬后进行冬前深翻，翌年春土壤解冻后，细耙1～2遍并将地面整细整平，播种前可按东西方向开沟做垄，沟距50厘米左右，沟宽25～26厘米、深度10～12厘米，沟长15米左右，一般不超过18米。

通常每667平方米施细碎豆饼75～125千克，碳酸氢铵15～20千克，将肥料集中施于沟中，肥土充分混匀，再将姜沟整平即可进行播种。如无饼肥，亦可施用充分腐熟的优质圈肥，每667平方米5 000～7 500千克、草木灰75～100千克、过磷酸钙25千克。

2. 培育壮芽

(1)晒姜和困姜　清明前后,从井窖取出姜种,洗去姜块上的泥土后平放在草苫上晾晒1～2天。中午晒姜,若阳光过强,可用席子适当遮荫,以免姜块干缩。种姜晾晒1～2天后,再放入室内堆放3～4天,用草苫覆盖姜堆以促进养分分解,这个过程称为"困姜"。一般经过两次晒姜和困姜即可催芽。

(2)选种　催芽前须严格选种,选择姜块肥大、皮色有光、质地硬、不干缩、肉色鲜黄、无病虫危害的健康姜块作种姜,严格淘汰干瘪、瘦弱、发软和肉质变褐的病姜和劣质姜。种姜块的大小对植株的生长和产量有明显影响。种姜块的大小以70～100克为宜。每667平方米用姜种500千克左右。至收获时,种姜不腐烂,仍可回收作为商品出售。若种姜块太小,则植株瘦弱,生长不旺,分枝少,根茎小,产量低。

(3)催芽　可采用室内池式催芽法。在住房的一角,用土坯垒建催芽池,高度约80厘米,长、宽因种姜数量而定。先在池底和四周铺一层10厘米厚的麦穰,其上铺放2～3层草纸,选晴暖天气将种姜一层一层地平放于池内,排列要整齐,堆放厚度以50～60厘米为宜。排好姜种之后让其散发热气,第二天再盖池,即先在种姜上盖3～4层草纸,再盖一层厚10～12厘米的麦穰,最上层盖棉被保温,经常保持22℃～25℃,经20～25天催好短壮芽即可播种。短壮芽的标准为0.55厘米×0.5厘米至2厘米×1厘米,要求幼芽黄色、鲜亮,顶部钝圆,以芽基部仅见根的突起为好。催芽大小适度才有利于获得高产。若催芽过大,则幼芽易受损伤,并明显表现早衰,将导致产量降低。

(4)掰姜种　将催好芽的大种姜块掰(切)成70～100克的小种姜块,每块一般只保留1个壮芽,将其余小芽全部除去,以便集中养分供应主芽,确保苗旺而壮。

(5)播种方法　浇透底水。底水渗下以后即可排放种姜,按一定的株距将种姜块水平排放沟中，使姜芽向南或朝东南，然后把种姜块轻轻压入土中，使幼芽与土面相平。随排种姜随用潮湿细土盖在姜芽和种姜块上，待排完姜种后再耙平沟面，保持覆土厚度4～5厘米。如覆土过厚，土温较低，出苗较慢；覆土太薄，则土表易干燥，亦影响出苗。

合理的种植密度应因地制宜，根据品种、当地的肥水条件、播种期、管理水平等多种因素确定。高肥水田，行距为50厘米、株距为19厘米，每667平方米种植7 000株左右；中肥水田，行距为50厘米、株距为16～17厘米，每667平方米种植8 000株左右；低肥水田，行距为48～50厘米，株距为14～15厘米，每667平方米种植9 000株左右。

(三)田间管理

1. 插草遮荫 生姜不耐高温和强光，在花荫状态下生长良好。传统的遮荫方法是"插姜草"，或称"插影草"，即播种后趁土壤潮湿时在姜沟南侧插上谷草，每3～4根为一束，按10～15厘米的距离交互斜插于土中，编成花篱，高70～80厘米，稍向北倾斜，以便为姜苗遮荫。如无谷草，可用新鲜的玉米秸或树枝代替，也有良好的遮荫效果。立秋以后，天气逐渐转凉，光照减弱，即可拔除姜草。

插草遮荫，不仅可避免强光直射，为姜苗生长创造适宜的光照条件，而且，可以改善田间小气候，降低地温和气温，减少土壤蒸发；使土壤水分比较稳定，保持空气湿润，减轻干热风对姜苗的不良影响，为姜苗创造良好的生长环境。

2. 灌水 生姜喜湿润，不耐干旱。出苗后第一次灌水要适时，通常在出苗率达70%左右开始灌。如果浇得过早，土表易板结，幼芽出土困难；若灌得过晚，芽尖易干枯。

幼苗期植株小，生长慢，需水不多，可经常保持土壤的相对湿度在65%～70%。供水要均匀，不可忽干忽湿，以免新叶扭曲不展，影响姜苗正常生长。幼苗生长后期，正处盛夏季节，暴雨之后，应浇井水降温，并及时排水，以防田间积水引起姜块腐烂。

立秋以后，姜株进入旺盛生长期，生长量大，需水较多，应经常保持土壤相对湿度在75%～85%。

3. 追肥　姜的生长期长，需肥量大，欲获丰产，除施足基肥外，还应分期追肥。为使幼苗生长健壮，一般在苗高30～40厘米时进行第一次追肥，每667平方米施硫酸铵15～20千克。立秋前后是生长的转折期，结合拔姜草进行第二次追肥，这次追肥对丰产有着重要的作用，通常每667平方米施腐熟的细碎饼肥70～80千克，或腐熟优质圈肥3000千克，另加三元复合肥15～20千克。9月上旬，根茎进入迅速膨大时期，可视植株生长势酌情进行第三次追肥：对地力较差，植株生长势一般的姜田，每667平方米可施硫酸铵20～25千克；对于土壤肥力较好、植株生长健壮的姜田，不必追此次肥，以免茎叶徒长。

4. 培土　姜的根茎在土壤里生长，要求黑暗和湿润的条件，因此需进行培土。当苗高14～16厘米时进行中耕除草，去除母姜长出的侧芽，每株保留壮芽1个，结合追肥培土一次。待苗高30厘米时培第二次土，培高6～10厘米。此时从母姜两侧又长出1～2个芽，这些芽是以后形成姜块和分生新姜的基础，必须注意保留；根茎迅速肥大，进行第三次追肥培土，防止根茎外露于畦面，以利于姜块生长。

5. 除草　每667平方米用除草醚0.75～1千克加少量细土并混合均匀，再加过筛的半干半湿的细土15～20千克，充分混匀后堆放10～14个小时，让药剂被土充分吸收。播种后，趁土壤湿润时，将药土均匀撒在姜沟周围的地面上，保持土面湿润，杀草效果一般在85%以上，对姜苗安全无害。如用喷雾法，即用0.75～1千克除草醚+100升水对成药液，均匀喷在姜沟周围的地面上，注意不要破坏土面药膜，亦可收到同样的杀草效果。

除草醚的杀草效果，与温度、土壤湿度和光照条件有密切关系。气温在20℃以上时，杀草效果好；温度低时，杀草效果差。土表湿润，杀草效果好；土壤干燥，则效果明显下降。光照强，杀草效果好；在黑暗条件下几乎没有杀草作用。

除了除草醚以外，甲草胺、氟乐灵和胺草稗也适用于姜田除草，其中以甲草胺杀草效果最好。

6. 病虫害防治 生姜的病害主要有姜瘟病和炭疽病，生姜的虫害主要有姜螟虫、姜蓟马、菜青虫、小地老虎等，其防治方法见第六章。

(四)采 收

生姜不耐寒，通常于10月中下旬初霜到来之前收获。收获前3～4天先浇一次水，使土壤湿润，以利于收刨。收后自茎秆基部用刀削去地上茎(保留2～3厘米茎茬)，不需要进行晾晒即可将鲜姜带土入窖贮藏。种姜一般都与鲜姜同时收获，也有少数姜农在入伏前后提前收获种姜，当地称为"扒老姜"。由于扒老姜会造成伤口，容易被病原菌侵染，故在姜瘟病严重的地方，不宜提前收获种姜。

四、生姜设施栽培技术

生姜保护地栽培目前主要采用塑料拱棚，其栽培方式主要有两种：一是春季提前栽培，生姜可较露地提早播种30天左右，晚秋后放下薄膜覆盖保护；二是春季覆盖地膜提早播种(15～20天)，晚秋后扣棚覆盖棚膜保护。

(一)大棚生姜早熟高产栽培技术

1. 播种前准备

(1)地块选择　生姜根系不发达,在土壤中分布浅,吸收水肥能力差,既不耐旱,又不耐涝。因此,应选择地势平坦、交通便利、排灌方便、近3～4年未种过生姜的地块,要求土层深厚、地下水位低、有机质含量高、理化性状好、土壤保肥保水能力强、pH值5～7的肥沃土壤。

(2)大拱棚建造　多采用竹拱架结构的大棚。一般棚宽6～8米(10～14垄姜),柱高0.7～1.4米,长度因地制宜确定。依地形可采用南北或东西向开沟起垄种植。生姜栽植前7～10天盖好棚膜升温,以利于提高地温。夏天搭遮阳网(代替插姜草)给生姜遮阳。入秋后撤掉遮阳网,采收前30天左右盖上塑料薄膜,生姜收刨前将薄膜撤掉。

(3)品种选择　选择植株高大、茎秆粗壮、分枝少、姜块肥大、单株生产能力强的疏苗型品种,如莱芜大姜。

(4)种姜处理与催芽

①晾种、挑种、掰种　播前25～30天从姜窖中取出种姜,一般每667平方米准备种姜300～400千克,放入日光温室内或20℃的室内摊晾1～2天,晾干种姜表皮,清除种姜上的泥土,并彻底剔除病姜、烂姜、受冻严重的失水姜,选择姜块肥大、皮色有光泽、不干缩、未受冻、无病虫的健壮姜块作种,摊晾后进行掰姜,单块重以50～75克为宜。

②种姜消毒　为防止病菌的危害和蔓延,最好在催芽前对种姜进行消毒,常用的方法是:用固体高锰酸钾对水200倍浸种10～20分钟或用40%甲醛100倍液浸种10分钟,取出晾干。

③加温催芽　生姜大棚种植必须提前催芽,在播种前25～30天开始催芽。此时温度尚低,为保生姜顺利出芽,可采用火炕或电

热温床或电热毯催芽法。无论采用哪种催芽方法，催芽温度要保持在25℃～30℃，待姜芽萌动时保持温度22℃～25℃，姜芽达1厘米左右即可播种。

2. 重施基肥 大棚生姜生长期长，产量高，对肥料吸收量多，因此要加大基肥施用量，并多施生物有机肥料。一般冬前每667平方米施充分腐熟鸡粪3～4立方米，随深翻地时施入。种植前开沟起垄，在沟底集中施用有机肥200千克＋三元复合肥50千克或豆饼150千克加三元复合肥75千克，把肥料与土拌匀灌足底水即可栽植。为防止地下害虫，可施入硫磷颗粒剂2～3千克或毒死蜱颗粒剂1千克。

3. 适期播种，合理密植 生姜在16℃以上开始发芽，16℃～20℃发芽仍较缓慢，以22℃～25℃为其发芽最适宜温度。根据塑料大棚的性能，以及近年来的生产实践，华北地区塑料大棚覆盖栽培生姜，若在大棚膜上加盖草苫，播种期以3月上旬为宜，若不盖草苫，播种期以3月中下旬较为安全。

大棚种植生姜，播种时南北向按55～60厘米行距，开10厘米深的播种沟并浇足底水，水渗后按18～23厘米株距、姜芽向西摆放种姜，每667平方米栽植5 500～6 000株。如种植密度再加大虽然产量仍有增加，但增产幅度下降，商品性状变劣，且生产成本大大提高。播后覆土4～5厘米，并搂平耙细，每667平方米喷施20%二甲戊灵悬浮剂100克进行化学除草。

4. 田间管理

(1)温光管理 播种后出苗前要盖严大棚膜升温。白天棚内保持30℃左右，不通风，以利于姜苗出土。姜苗出土后，待苗与地膜接触时要打孔引出幼苗，以防灼伤幼苗。同时，温度白天保持在22℃～28℃，不能高于30℃，夜间不低于13℃。外界夜间温度高于15℃时要昼夜通风。光照的调节主要靠棚膜遮光，在撤膜前无须进行专门的遮光处理，到5月下旬气温高时，可撤膜换上遮阳网

(遮光率以 50%为宜),7 月下旬撤除遮阳网。10 月上旬随着外界温度的降低再覆上膜进行延后栽培。盖棚膜后白天温度控制在 25℃～30℃,夜间为 13℃～18℃。

(2)追肥　生姜生长期长,需肥量大,在施足基肥的同时,中后期需肥约占全生育期的 80%。施肥上一般采取分期追施氮、磷、钾等肥料。生姜在苗高 13～16 厘米时追施提苗肥,每 667 平方米一般用硫酸铵或三元复合肥 10 千克对清水浇施。对弱苗、小苗施用追肥,宜采取少量多次施用,直到培育成壮苗,达到全田苗高苗壮一致为止。7 月上中旬,是大棚生姜生长的转折时期,吸肥量迅速增加,这时可结合除草和培土进行第二次追肥,可将肥效持久的腐熟农家肥和速效化肥配合施用,每 667 平方米可施沼肥或腐熟猪栏粪 3～4 吨,辅以腐熟的细碎饼肥 24.7 千克,硫酸铵或三元复合肥 15～20 千克(复合肥用人尿泡 2～3 天后施用效果较好)。当生姜长至 6～8 个分枝时(约 8 月上中旬),正是根茎旺盛生长期,需肥量大,也是栽培管理的关键时期,每 667 平方米可施三元复合肥或硫酸铵 20～25 千克、硫酸钾 10 千克,以促使姜块迅速膨大,同时防止后期因缺肥而引起的茎叶早衰。如以收嫩姜为主,在施肥时可适当加大氮肥用量,以收老姜为主,则应控氮增磷,土壤缺锌、硼时,追肥时也应补施,以延缓叶片衰老。

(3)水分管理　生姜喜湿润而不耐旱,幼苗前期,以灌小水为主,保持地面湿润,一般以穴见干就灌水,幼苗后期根据天气情况适当灌水,保持地面见干见湿。7 月下旬至 8 月份正是生姜生长的最佳时期,水分对其生理生长特别重要,如遇干旱,应增加灌水次数,但不可漫灌,灌水间隔期以 7～10 天为宜,梅雨季节少灌(梅雨水),灌水应在早上和傍晚进行,中午不能灌水。暴雨之后,要及时排除地面积水。

(4)中耕除草,适时培土　生姜的幼苗生长处在高温多湿季节,要及时中耕除草,防止植株早衰。幼苗旺长期肥水条件好,杂草滋生力也强，若除草不及时，草与姜苗争肥、争水、争光，姜苗易出现生长不良。黑暗湿润的环境条件对生姜的根茎生长很有利，为防止根茎膨大后露出地面，在除草和追肥的同时结合进行培土，一般培土3～4次。第一次应在有3株幼苗时进行，盖土不能太厚，以免影响后出苗的生长，每隔15天后依次进行第二、第三、第四次培土，培土时做到不使生姜根茎露出地面，把沟背上的土培在植株的基部，变沟为垄，为根茎的生长创造适宜的条件。

(5)扒老姜　在中后期中耕培土时，可根据市场行情，在生姜的旺长期扒出老姜出售，以提高经济效益。其具体方法是顺着播种的方向扒开土层，露出种姜，左手按住姜苗茎部，右手轻提种姜，使之与植株分离。注意不能摇动姜苗，取出种姜后要及时封土。弱小的姜苗不宜扒种姜，以免造成植株早衰。

(6)生姜增产剂的应用　概括生姜的生长发育特点是：增加人为调控能力，喷施生姜增产剂，从而达到增加生姜产量的目的。全生育期共喷4次：第一次在苗高30～40厘米时，第二次在三杈期，这两次以促进生姜营养体生长；第三次在7～8杈前喷1次，以控长调节姜块膨大为主；第四次在收获前15～20天喷施，以促进姜叶及地上茎中的养分向姜块回流。采用该技术每667平方米可增产生姜500千克以上，并可提高生姜的耐贮性。

5. 病虫害防治　大棚生姜主要有斑点病及姜螟等危害，要注意交替使用有效药物防治(参见第六章)。

6. 适时采收　生姜采收时间应根据市场价格确定。根据几年来的经验，销售旺季一般在8月中旬至9月上旬。根据生姜的产量适时采收，种姜采收宜在初霜后。

(二)大棚生姜秋延迟栽培技术

1. 姜种的精选与处理

(1)精细选种　在生姜播种前1个月左右从姜窖中取出种姜，

选择姜块肥大、色泽鲜亮、质地坚硬、无干缩、无腐烂、无病虫害的健壮姜块作姜种。严格淘汰干、软、变质以及受病虫危害的姜块。在生姜播种前再结合掰姜进行复选，确保姜种健壮。

(2)晒姜、困姜与催芽　将选出的姜种先晾晒3天后，再放在20℃～25℃的条件下困姜2～3天，以加速姜芽萌发。然后在20℃～24℃下催芽，约经25天即可催出姜芽。

2. 施足基肥　在播种前结合土壤耕作施足基肥，每667平方米基肥用量为有机肥5 000千克、过磷酸钙50千克、硫酸钾复合肥70千克，而后整平地面待播。

3. 抢茬早播　生姜在地温能满足生长发育要求的前提下，播种越早产量越高。因此，利用大棚进行生姜秋延迟种植，应在前茬蔬菜收获后抢茬播种，一般应在5月15日前后完成播种。播种前先将催好芽的姜种掰成75克左右的姜块用于播种。每个姜块上只保留一个长0.5～1.0厘米、粗0.7～1.0厘米、顶部钝圆、基部有根突起的壮芽，将其余的姜芽全部除掉。在掰姜过程中要淘汰不合格的姜块，然后按50厘米的行距顺棚向开沟，在沟内灌足底墒水，等水渗下后按16～17厘米的株距播种。播种时要将姜块平放沟底，使姜芽朝向保持一致。姜种摆好后，用300～500倍的高锰酸钾水溶液顺沟喷洒一遍，预防姜瘟病，最后覆土约4厘米厚。

4. 田间管理

(1)搭盖遮阳网　利用越冬大棚进行栽培的生姜，由于受到茬口的影响，在齐苗后，棚外气温一般能满足生姜生长发育的需要。因此，可在齐苗后先撤掉棚膜，然后及时在棚架上再搭盖遮阳网进行遮荫，遮荫程度为60%左右，以满足姜苗生长发育对光照的要求，防止光照太强导致姜苗生长不良。立秋前后撤去遮阳网，使姜苗接受正常的光照。

(2)水分管理　幼苗期主要通过中耕松土保墒，也可在田间覆盖作物秸秆进行保墒，遇旱可适当灌水，但水量不宜过大；遇雨要注意排水防涝。在生长盛期应注意防旱，遇旱要小水勤灌，保持土壤湿润；不宜大水漫灌，以防止姜瘟病的发生蔓延。收获前5～7天灌1次水后停水。

(3)追肥　6月中旬前后，当苗高30厘米左右、单株具有1～2个分枝时，每667平方米追施速效氮肥或三元复合肥20～30千克，以培育壮苗。立秋后，姜苗处在三股杈阶段，植株生长速度加快，需肥量增大，应进行第二次追肥。此次追肥应以饼肥和复合肥为主，一般每667平方米可追施豆饼80千克+三元复合肥20千克，或单用三元复合肥73.3～76.6千克。9月上旬为促进根茎的快速膨大，每667平方米再追施三元复合肥50千克，10月上中旬每667平方米再追施三元复合肥40千克左右，以保证生姜秋延迟阶段的生长需求。

(4)培土　立秋后结合浇水施肥进行第一次培土，变沟为垄，以后结合第三、第四次追肥进行第二、第三次培土，逐渐加高加宽垄面，为生姜根块的膨大创造良好的土壤环境。

(5)病虫防治　生姜的主要病害是姜瘟病。进入高温、高湿的夏季，姜瘟病一般也进入发病高峰期。在发病季节要防止大水漫灌，并注意排涝。田间一经发现病株要立即将病株及其附近的土壤一并挖除，并在病株穴内及四周撒生石灰或漂白粉消毒，防止病菌传播。7～9月份在已发病的地块用姜瘟净150～200倍液灌根，每隔10天施药1次，或用姜瘟净300倍液喷雾，具有较好的防治效果。对于姜螟等害虫，可选用氯氰菊酯等农药进行防治。对于蛴螬等地下害虫，可选用辛硫磷等农药进行防治。

(6)秋延迟阶段的大棚管理　10月中下旬当白天温度下降到20℃左右时，及时盖好大棚膜，以满足生姜生长对温度的要求。当棚内白天温度高于28℃时，一般应通风降温，在日落前关闭通风口保温。棚内白天温度保持在25℃～28℃，夜间保持17℃～18℃以上。11月下旬棚内白天温度降到15℃、夜间最低温度降至5℃

时，生姜的生长基本停止，应及时收获。

5. 适时收获　秋延迟生姜应选晴好的天气，并在白天中午前后温度较高的时段采收。收后要注意保温，防止姜块受冻，并及时运入姜窖贮藏。

(三)小拱棚生姜栽培技术

利用小拱棚栽培生姜产量高、效益好，生产中最好选用新茬地，前茬作物以葱、蒜和豆类等为好，不宜选种过茄子、辣椒等茄科作物并发生过青枯病的地块或连作发病地。

1. 整地施肥　选有机质较多、排灌方便的砂壤土、壤土或黏壤土田块，深耕 20～30 厘米，充分晒垡，结合整地每 667 平方米施优质腐熟农家肥 5 000～8 000 千克。北方姜区种姜有施种肥的习惯，播种时每 667 平方米在姜种块间施入种肥(配方肥)20～30 千克。

2. 培育壮芽

(1)晒姜、困姜　适播期前 20～30 天从贮藏窖内取出姜种，用清水洗去沙土，平铺在草席或干净地上晾晒 1～2 天(傍晚收进室内，防止受冻)，室内再堆放 2～3 天，姜堆上覆草苫，一般经 2～3 次晒姜、困姜即可。

(2)选种催芽　选用山东莱芜生姜品种。要求选肥大、丰满，皮色光亮，肉质新鲜，不干缩、不腐烂、未受冻、质地硬、无病虫危害的姜块作种，淘汰瘦弱、干瘪、肉质变褐及发软的姜块，每 667 平方米用种 500 千克左右。可在电热毯或火炕上催芽，温度控制在 22℃～25℃。如温度高于 28℃，虽发芽较快，但姜芽往往徒长、瘦弱；低于 16℃，出芽慢，影响播种。催芽时每 5～7 天翻动 1 次，拣去烂姜块，经 20～25 天、芽长为 1.5～2 厘米即可播种。催芽后将种姜平摆在草苫上，使芽绿化变软，最好选择芽粗 0.5～1 厘米、色泽鲜黄光亮、顶部钝圆的短壮芽播种

3. 播前准备

(1)掰姜种　掰姜时种块以 70～80 克为宜，一般要求每块姜上只保留 1 个短壮芽，少数种块可根据幼芽情况保留 2 个壮芽，其余幼芽全部去除，以便养分集中供应主芽，保证苗全苗壮。掰姜时严格剔除芽基部发黑及断面褐变的姜块，并按种块大小及幼芽强弱分级，栽培时分区种植。

(2)起垄灌底水　播前先做 55～57 厘米宽的垄，播种时开 25 厘米深沟。一般在播种前 1～2 小时在沟内施肥后灌底水，灌水量不宜太大，否则姜垄湿透不便田间操作。

4. 播种定植　华北地区于 4 月上旬播种。定植株距为 20 厘米左右，每 667 平方米保苗 5 200～5 500 株。在土质肥沃、肥水充足的条件下行株距可适当加大，薄地及肥水不足的可适当减小。播种方法有两种：一是平播法，即将姜块呈水平放在沟内，使幼芽方向一致。若东西向沟，姜芽一律向南；南北向沟，则幼芽一律向西。放好姜块后，用手轻轻按入泥中，使姜芽与土面相平；二是竖播法，即将姜块竖直插入泥中，姜芽一律向上。播后于沟两侧取土盖种 4 厘米厚，覆土过厚下部地温低、不利于发芽。播后搭建高 30 厘米的小拱棚，并用 90 厘米宽的地膜覆盖，覆膜前每 667 平方米用 48％仲丁灵乳油 0.2～0.3 千克对水 70～75 升均匀喷洒地表，以防除杂草。

5. 田间管理

(1)灌水追肥　生姜喜湿润不耐干旱，必须合理灌水才能满足其生长需要。出苗后保持土壤见干见湿，幼苗期土壤相对湿度为 65％～70％。夏季以早晨或傍晚灌水为好，不可在中午灌水。当植株具 3 个杈时结合灌水每 667 平方米追施尿素 10 千克，植株具 5 个杈时结合灌水追施三元复合肥 15 千克。追肥后适当培土，保持垄高 15 厘米、宽 20 厘米左右。立秋后是姜株分枝和姜块膨大期，保持土壤相对湿度为 65％～70％，早晚勤灌凉水，促进分枝和姜块膨大。收获前1个月左右根据天气情况减少灌水，促使姜块老熟。收获前3～4天灌一次水，以便收获时姜块带潮湿泥土，以利于下窖贮藏。

(2)破膜通风 当植株接近棚膜时，用手指在植株正上方的棚膜捅一个直径为1～2厘米眼儿。立秋后揭膜，并清除出田外。

(3)拔除杂草 生长期及时拔除姜田杂草，以有利于减轻病虫害的发生，并可促进块茎膨大。

(4)防治病虫害 生姜生长中的主要病虫害有姜螟虫、姜瘟病、立枯病。防治姜螟虫可用90%敌百虫晶体、2.5%溴氰菊酯乳油等喷雾3～5次。对立枯病用20%甲基立枯磷乳油1 000倍液喷雾，对姜瘟病用25%噻嗪酮悬浮剂500～600倍液喷施防治。

6. 收获贮藏 一般于初霜到来前，当植株地上茎尚未干枯时选晴天上午收获。若土质疏松，可抓住茎叶整株拔出，收后不要晾晒，直接放入室内堆放，四周堆10厘米厚的湿润细沙，中间放一层鲜姜块，铺一层10厘米厚的湿润细沙，室内温度控制在15℃～20℃。

(四)生姜地膜覆盖栽培

华北地区生姜地膜覆盖栽培的播种期安排在4月上中旬为宜，产量一般较露地栽培(5月上旬播种)增产20%～30%。生姜播种后，先喷除草剂，再将地膜拉紧，盖于姜沟上，根据地膜幅宽与种植行距，一般每幅膜可盖2～4条姜沟，将地膜两侧紧紧压牢。为防止风吹，可在地膜上每隔1～2米压一撮土。幼芽出土后，及时破膜引苗，以防止烧苗。6月下旬可撤除地膜，也可在7月中下旬追肥培土时撤除。为提高覆盖效果，也可用小竹片(条)、紫穗槐枝条等在姜沟上支架，其上将地膜呈弓形盖上，高温时要通风，后期撤除。

(五)生姜遮阳网覆盖栽培技术

近年来,生姜生产普遍应用遮阳网覆盖栽培,并取得良好效果。

1. 优　点

(1)操作简单,省工方便　遮阳网体积小,质量轻,易于保管和搬运,应用方便,每667平方米地覆盖用工仅需2小时,比常规树枝叶覆盖用工节省4～5个小时。同时,高温季节常伴有伏旱天气发生,还可节约伏旱的浇水用工。

(2)使用寿命长,经济合算　遮阳网强度高,耐老化,使用寿命一般为3～6年,覆盖667平方米姜地约需750元,虽一次性投资较大,但从实际应用效果和使用年限综合考虑,仍优于传统的覆盖栽培。

(3)应用范围广泛　遮阳网栽培在低温季节可起到保温的效果,高温季节可起到降温作用,所以在生姜生产上具有十分广阔的前景,一年之中春、夏、秋三季均可使用。同时,还可用于蔬菜生产,林果育苗,花卉夏季遮荫及果树防冻等。

2. 效　果

(1)前期效果　主要以保温为目的。生姜在华北地区4月下旬栽种后,由于外界气温不够稳定,经常低于20℃,故及时加盖地膜和遮阳网能够提高温度4℃～8℃,同时能保持土壤湿润和良好的团粒结构,防止畦面板结,减少土壤养分流失,防止晚霜侵袭,因而出苗率和成苗率比常规露地栽培提高20%以上,姜苗的素质也有较大提高。

(2)中期效果　主要以遮荫降温为目的。中期正处于7～9月份的盛夏高温季节,华北地区气温常在35℃以上,中午超过38℃,甚至高达40℃,给生姜这种喜阴作物的生长带来不利。如采用遮阳网覆盖栽培,可降温2℃～5℃,同时可减少水分的蒸发与流失,保持近地面的二氧化碳浓度，还可防止夏季的暴风、暴雨及冰雹的危害，从而为生姜生长创造良好的环境条件。

(3)*后期效果*　生姜生长后期往往易受低温和晚秋的早霜危害。此期采用遮阳网覆盖，可以提高地温5℃～7℃，提高气温6℃～8℃，可延长生姜生长期10～15天，可提高产量10%以上，同时可减轻后期低温危害和早霜的冻害。

(4)*减轻病虫危害*　覆盖遮阳网后，可调温避雨，减轻病虫害。对高温性病虫害及通过雨水传播的软腐病、青枯病等细菌性病害有明显的抑制作用。采用银灰色的遮阳网还有避蚜作用。由于病虫害的减轻，农药用量也随之减少，从而降低了用药成本，降低了农药残留量，有利于生产无公害的高档优质蔬菜。

3. 应用形式

(1)*早春覆盖*　遮阳网在生姜出苗前覆盖在地膜外面，出苗后覆盖在小拱棚上，一般不揭网。其作用是防止晚霜冻害和低温寒流的侵袭，增强了保温效果。

(2)*夏秋季覆盖*　6月下旬至9月下旬是一年中的高温季节，正值生姜生长旺季，需在姜地上搭上高1.5米的棚架，直接将遮阳网覆盖在棚架上，具有防强光、降温兼有防暴雨、防雹、保墒等效果。

(3)*晚秋覆盖*　在生姜生长的后期，夜间可用遮阳网盖在大棚上，也可以直接加盖在生姜上，时间可长达半个月左右，能明显减轻早霜冻害，提高生姜品质。

遮阳网有较强的遮光性，正好适合于耐阴的生姜，在其全生育期均可覆盖，只是覆盖形式不同而已。要根据不同季节的特点，采用相应的覆盖形式，以期达到最佳效果。

(六)姜芽栽培

1. 普通姜芽栽培　普通姜芽栽培的技术与常规生姜栽培技术

大致相同。姜芽制作可在生姜长足苗、根茎未充分膨大前开始，直至生姜收获适期到来进行。具体方法是：用筒形环刀套住姜芽(苗)向姜块中转刀切下姜芽(苗)，制作成根茎直径1厘米、长2.5～5厘米，根茎连同姜芽(苗)总长为15厘米的成形半成品，经醋酸盐水腌制后即为成品。一般成品按假茎长度进行分级，分级标准依出口要求而定。一般标准为：一级品根茎长3.5～5厘米，二级品3～3.5厘米，三级品2.5～3厘米。

针对姜芽生产的特点，在栽培上应掌握以下几个要点。

(1)选用分枝多的密苗型品种　密苗型品种分枝多、姜球小，用它制作姜芽时可利用的部分多，下脚料少。同时，因分枝多，单株的成芽数也多。

(2)采用较小姜块播种　加工姜芽的产值是按姜芽数量计算的，因而在单位面积内生姜的分枝数越多，生产的姜芽数亦越多。采用小姜块播种，可加大播种密度，同时又能增加生姜繁殖系数，提高种姜利用率，降低种姜投资。此外，小姜块长成的幼苗茎秆稍细，根茎的姜球较小，但足以达到直径1厘米的产品标准，且用筒形环刀套下的姜皮较少。

(3)增加播种密度　加大种植密度可增加单位面积的株数，使单位土地面积上生姜的分枝数增多，成芽数亦多，有利于生产较多的姜芽。

(4)加强前期管理，促进提早分枝　个别地块在进行生姜生产时，由于病害严重，往往在未长足苗前即进行加工，严重地影响姜芽产量。为此，应注意前期的管理，及早追肥浇水，促进生姜分枝及生长。此外，前期遮荫好可促进分枝，若插影草过稀或过矮，易使茎秆矮化、增粗并降低分枝数目。

普通姜芽的生产与常规生姜栽培的季节相同，每年只能生长一季，因而存在生长周期长、占地多、肥料用量大、管理用工多、加工姜芽繁琐等问题。

2. 软化姜芽栽培　软化姜芽是在避光条件下，保持生产环境适宜的温度，促进种姜幼芽萌发。当幼芽长至要求的标准后收获，经初步整理即为半成品，再用醋酸盐水进行腌制即为成品。软化姜芽的分级标准为：一级品总长 15 厘米，可食部分（根茎）长 4 厘米，粗 0.5～1 厘米；二级品总长 15 厘米，可食部分长 4 厘米，粗 1 厘米（含根茎超过 1 厘米后用环形刀成形者）；三级品总长 15 厘米，可食部分长 4 厘米，粗小于 0.5 厘米。对软化姜芽产品总的要求是：不管哪个级别，经醋酸盐水腌制后姜芽洁白，假茎挺直，假茎柔软弯曲者为不合格产品。进行软化姜芽生产时，应着重抓好以下环节。

（1）栽培场地　软化姜芽可在地窖、防空洞、室内或大、中、小棚及阳畦内栽培。但不论采用哪种形式，均应注意避光。若栽培场所空间不大，可利用立柱支架，做成多层栽培床。环境的温度条件要根据不同季节的温度变化及栽培场所的形式灵活掌握，一般可选用回龙火炕加温、火炉加温及电热线加温等多种形式。

（2）选用适宜品种　为增加姜芽数目，提高单位重量姜种的成苗数，进行软化姜芽生产的姜种应选用密苗型品种，如莱芜片姜，不宜选用疏苗型及姜球肥大品种。

（3）做床和排放姜种　软化姜芽的栽培床应根据栽培场所确定。为操作方便，栽培床一般要用砖砌成，高 20～25 厘米、宽 1～1.5 米，长度根据场所而定。床底铺 1～10 厘米厚的细土或细沙，然后在沙土上密排姜种，一般每平方米可排姜种 15～20 千克。为促进多发芽，可将姜种瓣成小块，使芽一律向上，排满床后，姜种上应覆盖 6～7 厘米厚的细沙，用喷壶洒水，洒水量以下部细沙或细土充分湿润，但不积水为宜。洒水后要求姜种上的细沙厚度达5～6 厘米，否则长出的幼芽下部根茎过短。

（4）生长期间的管理　姜种排好后，应使栽培场地避光并保持室内（床温）25℃～30℃的温度，若床土（沙）见干，应再浇透水，始终保持床土(沙)湿润而不积水,一般经50～60天,幼苗可长至30～40厘米时即可收获。若幼芽过短,腌制时因假茎细弱而变软。在生长管理过程中,喷水保湿时,也可在水中溶入少量化肥(以氮、磷为主),浓度不超过1%,以促进幼芽生长。

(5)收获　姜苗长至要求标准后,应及时收获。收获时应从栽培床的一端将姜苗连同种姜一并挖出,小心掰下姜苗,用清水小心冲洗泥沙并去根。根茎过长者,可从底部下刀切至长为4厘米的标准。根茎过粗的,用直径1厘米的环形刀切去外围部分。根据根茎粗度进行分级后,再切去姜苗,使总长为15厘米,而后放入醋酸盐水中进行腌制。腌制完成后,每20枝为一单位捆好装罐,倒入重新配制的醋酸盐水、密封装箱后即可外销。收获姜芽后的种姜,若仍有较多的幼芽,可再按前述方法排入栽培床内,使姜芽萌发、生长再收获二茬姜芽;若种姜幼芽已极少,应更新姜种进行生产。

五、生姜生产中遇到的疑难问题

烂姜死苗是生姜栽培中遇到的疑难问题,造成烂姜死苗的原因有姜瘟病、过量施肥、田间积水和虫害等。

(一)姜瘟病害

姜瘟多是种子和土壤带菌而造成的。其预防方法如下:①晒种。种姜收获后,先晒几天,再放到20℃～30℃条件下处理7～8天,促使伤口愈合,可减少贮藏期姜瘟病的发生。②浸种。选择姜块肥大丰满、皮色光亮、肉质新鲜、质地硬、无病害的老姜作种姜。在催芽前用0.2%硼砂+0.5%磷酸二氢钾+50%多菌灵800倍液+64%噁霜·锰锌可湿性粉剂800倍混合液浸种15～20分钟。③避免连作。生姜根系不发达,连作根茎小,易发生腐烂病,应与水稻、十字花科、豆科作物等进行 3～4 年的轮作。④土壤消毒。整地时每 667 平方米撒 75～100 千克生石灰消毒土壤。⑤病后处理。发现病株及时拔除，并在病穴内撒施生石灰。全田用杀毒矾 500～600 倍液或 72%农用链霉素可溶性粉剂 100 个单位灌窝，严防病田的灌溉水流入无病田中。

(二)过量施肥和施肥不当造成肥害

盲目重施化肥，偏施氮肥，集中施肥，有的甚至施尿素、复合肥等，导致肥害、麻脚姜和严重的烂姜死苗。

(三)田间积水造成渍害

多因土壤耕作层浅、排水沟浅和白沙土雨后沥沙板结不透气造成渍害，因高温高湿致使烂姜死苗。其预防方法：①在霜冻前翻挖姜田 35～45 厘米深，同时挖主沟深 55～60 厘米、边沟深 50 厘米的排水沟，做到排水通畅、雨停沟干和种植沟窝无积水或暗渍。②选择土层深厚、透气性好、有机质丰富、保水保肥力强的壤土、黏壤土种植，避免用易板结的白沙土种植。

(四)虫　害

虫害主要有姜螟、姜蛆，可喷施 90%敌百虫晶体 800～1 000 倍液防治。

六、生姜贮藏保鲜技术

(一)贮藏的适宜条件

生姜喜温暖、湿润，最适宜贮藏的温度为 15℃，温度在 10℃以下就会受到冷害，温度回升后易腐烂。温度过高，姜腐病等病害蔓延，腐烂严重。生姜贮藏的适宜湿度比较高，为90%～95%。湿度过低，姜块失水萎缩，会降低食用品质，市场销路和价格均会受到影响。因此，生姜在贮藏过程中应特别注意控制温度与湿度。

（二）贮藏保鲜特性

贮藏鲜姜应以竹叶姜中的片姜和黄爪姜为主，此类姜辣味重、水分含量较少，适于贮藏，且没有生理休眠期，采后只要条件适宜即可发芽生长。鲜姜可分为3次收获，第一、第二次收获的鲜姜为母姜和嫩姜，一般只能供鲜销或短期贮藏；第三次收获的鲜姜一般在霜降至立冬前后进行，其根茎部分膨大，地上部开始枯黄，适宜作中长期贮藏。但应注意采收前不能受霜冻。

（三）贮前处理

作为中长期贮藏用的鲜姜在霜降至立冬收获，要求根茎充分成熟、饱满、坚挺，且表面呈浅黄色至黄褐色，叶片半干萎。表皮易剥落，已发芽、皱缩、软化及表面变成紫色的姜块均不适于贮藏。收获生姜应选在阴天或晴天早晨进行，避免在晴天烈日下采挖，以免日晒过度，雨天和雨后收获的生姜也不耐贮藏。贮藏用的姜块一般要求不带泥，带泥过湿的可稍加晾晒，但不宜在田间过夜，晾干后即装筐贮藏，贮藏用的姜不能在田间受霜冻。生姜采收后应严格挑选，剔除受冻、受伤、小块、干瘪、有病和受雨淋的姜块，挑选大小整齐、质量好、无病害的健壮姜块用于贮藏。

（四）贮藏保鲜方法

1. 窖藏 可利用土窖、防空洞或地下室等场所贮藏生姜，也可在山区丘陵地方建窖贮藏。应选择地势较高且干燥、地下水位低、背风向阳、雨水不易进入窖内、便于看管的地方建窖。姜窖一般深2.5～3米，窖口以人能自如上下即可。自窖底向两侧挖两个贮藏室，每个高约 1.5 米，长、宽各 1.5 米左右。

生姜入窖前应彻底清扫贮姜窖，喷洒 25％百菌清可湿性粉剂 600 倍液、50％多菌灵 500 倍液等杀菌剂和 80％敌敌畏乳油等杀虫剂进行杀菌、杀虫处理，而后将带着潮湿泥土的姜块放入洞中，用细沙土掩埋，贮藏高度以距洞顶 40 厘米为宜。常用的窖藏方法有如下几种。

(1)*堆藏法*　该法是大批量简单贮藏的方法。贮仓的大小以能散装堆放姜块 2 万吨为宜。在 11 月上旬(立冬前)剔除病变、受伤、雨淋的姜块，留下质量好的堆码在贮仓中。墙的四角不要留空隙，中间可略松一些。姜堆高 2 米，堆内均匀地插入若干芦苇扎成的通风筒，以利于通风。贮仓内温度控制在 18℃～20℃。气温下降时，可以增加覆盖物保温；气温过高时，可减少覆盖物以散热降温。

(2)*沙藏*　用此方法贮藏姜，即一层沙夹 1～2 层姜在地上码成 1 米高、1.5 米宽的长方形垛，每垛码生姜 1 200～2 500 千克，垛中间立一个用细竹竿捆成的直径约 10 厘米的通风筒，并放入温度计，可随时测量垛温。垛的四周用湿沙密封，掩好窖门，门上留气孔。愈伤期温度可上升至 25℃～30℃，经过 6～7 周，垛内温度逐渐下降到 15℃，姜块完全愈伤，姜皮颜色变黄，散发出香气和辛辣味。此时姜不再怕风，可开窖通风，天冷时关闭。以后贮藏温度维持在 12℃～15℃。立春后如窖内相对湿度低于 90％～95％，可在垛顶表面洒水，若有出芽现象，说明贮温过高，可通风降温，若姜垛下陷并有异味，则需检查有无腐烂。

(3)*床藏*　利用背风朝阳的南山坡，挖一条伸入山腰 5～10 米的隧道(窑窖)，窑窖的大小根据贮姜量而定。隧道底部如潮气重，可垫一层木板隔潮。姜入窖前，窖内采取烟熏法除湿消毒，用枯枝落叶在窖内闷火自燃，余烬可撒在四周；土窖可在窖内撒生石灰消毒。在离地 30 厘米处用木条架设姜床，床上铺稻草，再把姜分层堆放在床上，姜上盖15～30厘米厚的沙土，既可防止窖内凝结水滴在姜上，又可防止姜失水干枯。窖温保持在10℃～20℃。当气温降到5℃以下时，要封闭洞口，谨防冷空气侵入冻伤姜块。若发生腐烂，必须及时剔除，并在窖内撒上生石灰。

2. 埋藏 在气温和地下水位较高的地方，可用埋藏法贮藏生姜。埋藏坑的深度以地面不渗水为原则，一般为1米深、直径为2米左右，呈上宽下窄的圆台形或方台形，一个坑可贮生姜2500千克左右，坑的中央竖一个秫秸把，以便于通风和测量温度。姜摆好后，表面先覆一层姜叶，然后覆一层土，以后随气温下降，分次覆土，覆土总厚度为55～60厘米，以保持坑内的适宜贮温。坑顶用稻草或秫秸做成圆尖顶防雨，四周设排水沟，北面设风障防寒。入沟初期姜块呼吸旺盛，释放的呼吸热导致温度上升，此时不能将坑全封闭，要注意通风散热。将坑内温度控制在20℃左右，以利于愈伤。贮藏中期，姜堆逐渐下沉，要及时将覆土层的裂缝填平，以防止冷空气透进坑内，使坑温过低。贮藏期间要常检查姜块有无变化，坑底不能积水。

3. 井窖贮藏 在土层深厚、土质黏重、冬季气温较低的地方可采用井窖贮藏生姜。井窖深3.5～10米，井口大小以方便上下即可，在井底向两侧挖两个贮藏室，高1～1.3米，长、宽各1米左右。将姜块散堆在窖内，先用湿沙铺底，一层湿沙一层姜，上面再盖一层湿沙覆顶。贮藏初期因姜块呼吸旺盛，窖内温度较高，不要将窖口完全封闭，要保持通风。初期收获的姜脆嫩，易脱皮，要求温度保持在20℃以上，使姜愈伤老化、疤痕长平、不再脱皮。以后温度控制在15℃左右。冬季窖口必须盖严，防止窖温过低，贮藏过程中要经常检查，以防姜块发生异常变化。

4. 浇水贮藏 选择有排水设施、略透阳光的室内或临时搭成的阴棚，把生姜带茎叶整齐地排列在带孔的筐内，在垫木上码2～3层高的垛。视气温高低每天用凉水灌姜1～3次，最好用温度较低的地下水。灌水可以保持适当的低温或高湿，使姜块健康地发芽生长，姜块不变质。灌姜期间茎叶可高达0.5米，秧株保持葱绿色。如叶片黄萎，姜皮发红，表明根茎将要腐烂，应及时处理。入冬时秧株自然枯萎，连筐转入贮藏库，注意防冻，可从越冬开始供应，直至春节。这种贮藏方法可使姜块丰满、完整率高，但姜块会发芽，香气和辛辣味会减弱一些。

5. 厢框贮藏法　在室内用砖块砌成厢框，高1.5米。将严格挑选的生姜小心地放人其中，用草苫或麻袋覆盖。室内温度控制在18℃～20℃。当气温下降时增加覆盖物保温，气温过高时减少覆盖。

6. 缸贮法　缸底铺一层湿沙，而后放一层鲜姜，一层沙一层姜地依次码放，直至缸口，而后用湿沙覆盖缸口呈半球形。天气变冷后，将缸下部埋入土中，缸上部覆盖草苫、麦秸等防寒物。

7. 射线照射贮藏法　用钴-60或伽马射线照射处理的姜不长芽，在适宜的温、湿度下可长期贮藏。

8. 冷藏库贮藏　冷藏库由具有良好隔热保温效果的库房和制冷设备组成，可以不受外界气温的干扰和限制，可保持较低且稳定的库温，可为鲜姜贮藏保鲜提供理想的温度环境。

(1)*入贮前的准备工作*　入贮前10天全面清扫贮藏库，用硫磺熏蒸法杀菌消毒，一般库容硫磺的用量为每立方米10～20克，用锯末与硫磺按1∶1的比例混合均匀，点燃后立即吹灭明火使其发烟，库房密闭24～48小时后打开库门通风换气，也可采用库房专用杀菌剂消毒杀菌。

(2)*贮藏管理*　库房应在入贮前5～7天开机降温，使库温维持在10℃左右。采收的姜块经过挑选后入库，放在提前制作好的铁架上预冷24～48小时后，装入厚度为0.02～0.03毫米的无毒聚氯乙烯(PVC)保鲜袋内，每袋容量不宜过大，一般为10～15千克。装袋时需轻拿轻放，以免擦伤表皮，造成机械伤害，影响外观。

装袋后整齐地摆放在架上，将袋口轻挽，以防止水分蒸发。库温控制在 12℃～13℃，控制库温不低于 11℃，否则易发生冷害。一般可贮藏 3 个月左右，鲜姜表皮颜色基本不变。若继续长期贮藏，鲜姜表皮会由黄色逐渐变成浅褐色而降低外观质量。

第六章　葱姜蒜主要病虫害的诊断与防治

一、葱蒜病虫害的诊断与防治

(一)主要病害的诊断与防治

1. 霜霉病

【症　状】 该病主要危害叶、花梗等。叶和花梗病斑为椭圆形或长椭圆形,边缘不明显,淡黄绿色至黄白色。潮湿时,病斑长白霉、紫霉;干燥时,病斑干枯。叶中下部受害出现病斑时,叶垂倒后干枯。假茎早期发病,上部生长不均衡,致使病株扭曲;发病后期,被害假茎常在发病处破裂。如果由栽植的鳞茎带菌引起,则呈系统感染病症:病株矮化,叶片扭曲畸形,叶色失绿呈苍白绿色。潮湿时,叶片与茎表面遍生白色绒霉。

【发生规律】 属真菌病害。病菌随病株残体遗留在土壤中越冬或在幼苗及鳞茎中越冬,翌年借气流、雨水或昆虫传播。发病适温为10℃～15℃,在潮湿、低温的条件下容易发病。在土壤黏重、排水不良、多雨多雾,植株生长不良时发病严重。

【防治措施】 ①农业防治。选择抗病和抗逆性强的品种,如掖选1号、章丘梧桐大葱等,并选用籽粒饱满、新鲜、无病虫的种子;与非葱蒜类作物实行2～3年的轮作;选择地势高燥、通风、排水良好的地块种植;施足基肥,尽量多施有机肥,增施磷、钾肥,增加中耕,以提高植株抗病力;合理灌溉,雨后及时排水,降低田间湿度;苗床内及时拔除病株,定植时严格选苗;清洁田园,定植后经常查看病情,及时拔除病残株,并在收获后彻底清洁葱地,减少菌原。②种子消毒。用相当于种子重量 0.5%的 50%多菌灵,或相当于种子重量 1%的 50%甲基硫菌灵,或用相当于种子重量 0.33%的甲霜灵拌种消毒。③药剂防治。发病初期可用 75%百菌清可湿性粉剂 500 倍液,或 70%代森锰锌可湿性粉剂 500 倍液,或 25%甲霜灵 500 倍液,或 90%三乙膦酸铝可湿性粉剂 500 倍液,或 72%霜脲·锰锌可湿性粉剂 600 倍液,或 56%氧化亚铜水分散微颗粒剂 800 倍液,或 64%噁霜·锰锌 500 倍液,或 50%敌菌灵 500 倍液,或 72.2%霜霉威 800 倍液,或 77%氢氧化铜 500～800 倍液喷雾,上述药剂可交替使用。每隔 7～10 天左右喷药 1 次,连续喷 3～4 次。

2. 紫斑病

【症　状】 在大田生长期危害叶和花梗,贮藏期危害鳞茎。初期病斑呈水浸状白色小点,后期变成淡褐色圆形斑或纺锤形斑,稍凹陷。以后病斑继续扩大,呈褐色或暗紫色,周围有黄色晕圈,病部长出褐色或灰黑色、具有同心轮纹状排列的霉状物。环境条件适宜时,病斑扩大到全叶,或绕花梗 1 周,使叶片或花梗从病部折断,或全叶变黄枯死。种株花梗发病时,致使种子皱缩而不能充分成熟。

【发生规律】 真菌病害。病菌在病株残体、种子上越冬。温暖地区可在越冬株上生存。翌年借雨水或气流传播。病菌发生适温为 22℃～30℃。在潮湿、多雨露的条件下发病严重。此外,重茬地、缺肥、管理差、植株生长衰弱、植株上有伤口时,发病重。

【防治措施】 ①选用抗病品种。②在无病区或无病株上留种,防止种子带菌。带菌种子可用 40%甲醛 300 倍液浸种 3 小时,洗净后播种。鳞茎可用 40℃～45℃温水浸泡 90 分钟。③选地势高燥、排水方便的地块栽培。增施磷、钾肥。实行 2 年以上的轮作。及时清除病株残体予以深埋或烧毁，以减少病原。④适时收获，晾干表皮、低温贮藏，避免伤口，多通风排湿，减少贮藏期发病。⑤发病初可用70%代森锰锌500倍液，或64%噁霜·锰锌500倍液，或50%异菌脲1500倍液，或40%抗枯宁400倍液喷雾，每7～10天喷1次，连喷3～4次。

3. 锈　病

【症　状】 该病主要危害叶片。病部初期为梭形褪绿斑，后在表皮下出现圆形至椭圆形稍凸起的夏孢子堆，散生或丛生，周围有黄色晕圈，表皮破裂散出橙黄色粉状物。一般基叶比顶叶发病重，严重时，病斑互连成片导致全叶枯死，后期在表皮未破裂的夏孢子堆上长出表皮不破裂的黑色冬孢子堆。病株蒜头多开裂散瓣。

【发生规律】 该病为真菌病害。病菌在病株上越冬。翌年借气流或雨水传播。病菌萌发适温为9℃～18℃，高于24℃时，萌发率显著降低。病原侵入的适宜温度为10℃～22℃。空气相对湿度为95%时，少量发病；空气相对湿度为100%时，发病迅速加重。因此，在低温、多雨的情况下易发生。一般当田间温度为20℃左右、空气相对湿度为100%持续6个小时以上时开始发病。冬季温暖多雨地区有利于病菌越冬，翌年发病严重。夏季低温多雨则有利于病菌越夏，秋季发病重。此外，管理粗放，缺肥而使植株生长衰弱时，发病也重。

【防治措施】 ①农业防治。选择抗病品种，并选用籽粒饱满、新鲜、无病虫种子；加强田间管理，增施有机肥料，促进植株健壮生长。适当提早收获，减少病害损失。忌连作，勿与病重地邻作。及时清洁田园，深埋或烧毁病株残体，以减少病原。定植时，汰除病苗。②化学药剂防治。发病初期，用15%三唑酮可湿性粉剂2000～2500倍液；或50%萎锈灵1000倍液，或70%代森锰锌可湿性粉剂500倍液，或80%代森锌可湿性粉剂500倍液，或

1∶1∶200 波尔多液喷洒。以上各种药剂任选一种交替使用，每隔 10 天左右喷 1 次，连续防治 2～3 次。

4. 灰霉病

【症　状】 发病初期叶片两面产生有褪绿色的小白点，逐渐沿叶脉扩展成长形或梭形斑块，先从叶尖向下扩展，致使多数叶片一半枯黄；空气相对湿度大时，叶片密生较厚的灰色绒霉层，使叶片变褐或呈水渍状腐烂。大蒜灰霉病在棚室蔬菜发生较多，主要危害叶片。

【发生规律】 该病为真菌病害。病菌在病株残体、鳞茎内越冬。翌年借风、雨、灌溉及田间操作传播。病菌发育适温为 23℃，低温、高湿的条件是该病发生与流行的条件。春季多雨时发生严重。葱蒜贮藏期空气相对湿度过大也会引起发病。

【防治措施】 ①农业防治。选用抗病品种；及时清除田间病残体，防止病菌扩散蔓延；合理密植，适时通风降温，棚室内要根据大蒜的生长势确定，外温低时，通风要小或延迟，严防扫地风；加强田间管理，多施有机肥并及时追肥、浇水和除草，培育壮苗以提高大蒜的抗病力。②药剂防治。露地发病初期可喷洒 50%异菌脲可湿性粉剂 1 000 倍液，或 50%腐霉利可湿性粉剂 1 500～2 000 倍液，或 40%多・硫胶悬剂 800～1 000 倍液，或 50%多・硫可湿性粉剂 600～800 倍液。每隔 7～10 天喷 1 次，连续防治 2～3 次。棚室大蒜发病可采用烟雾法或粉尘法防治。烟雾法：发病始期施用噻菌灵烟剂，每 100 立方米用量 50 克(1 片)；或 15%腐霉利烟剂或 45%百菌清烟剂，每 667 平方米用 250 克熏一个晚上，每隔 7～8 天熏 1 次。粉尘法：于傍晚喷洒 5%百菌清粉尘剂或 10%氟吗啉粉尘剂，每 667 平方米喷 1 千克，每隔 9 天喷 1 次，可视病情与其他杀菌剂交替使用。采收前 7 天停止用药。

防治蒜薹灰霉病要控制贮藏窖和贮藏库的温、湿度，温度控制在 0℃～12℃，空气相对湿度在 80%以下，并要及时通风排湿。必要时可喷洒45%噻菌灵悬浮剂3 000倍液，或50%多霉灵可湿性粉剂1 000～1 500倍液。为了降低窖内空气相对湿度，可选用45%噻菌灵烟剂熏蒸。

5. 菌核病

【症　状】 该病发病初期，叶片或花梗先端变色，渐延及下方，叶色褪绿变褐，植株部分或全部下垂枯死。地下部变黑腐败。后期病部呈灰白色，内部长有白色绒状霉，并混有黑色短杆状或粒状菌核。菌核多分布在近地表处。

【发病规律】 真菌病害。病菌在病株残体或土壤中越冬。翌年借风雨传播。温度为20℃左右、土壤湿度较大时发生严重。一年中，从晚春至初夏时，温暖、多雨天气易发病。

【防治措施】 ①农业防治。实行2年以上的轮作。及时清理田园，深埋或烧毁病株残体，减少病原。适当灌溉，雨后及时排水，降低土壤湿度。合理密植，改善通透条件。秋冬季深耕，把菌核深埋入土。春季及时中耕，阻止病菌菌核萌发。②药剂防治。发病初期，用50%腐霉利可湿性粉剂1 000倍液，或50%异菌脲可湿性粉剂1 000倍液，或50%多菌灵300倍液，或50%甲基硫菌灵500倍液，或40%菌核净1 000～1 500倍液，或50%腐霉利1 500倍液喷雾，每隔7～10日喷1次，视病情连喷2～3次。如喷雾与灌根相结合，效果更佳。

6. 软腐病

【症　状】 该病在葱蒜田间和贮藏期间均可发生。鳞茎受害，表面出现水浸状，有时带黄褐色或黑褐色斑，随即腐烂发臭，叶片发病，沿叶脉发生小型水渍状软化病斑，叶鞘基部软化腐烂，并有恶臭。病势发展，外叶及植株易倒伏。

【发生规律】 该病为细菌性病害。病菌在鳞茎、病株残体和土壤中越冬。翌年通过昆虫、雨水、灌溉水传播，从伤口侵入。病菌发育适温为27℃～30℃，多雨、潮湿、连作时有利于发病。植株健壮、虫害少、伤口少、干燥时发病少。

【防治措施】 ①农业防治。实行2～3年的轮作。早深耕，促进病株残体分解。及早防治害虫，减少伤口。增施有机肥，促进植株健壮生长。适当灌水，雨后及时排水，降低田间湿度。及时清洁田园，深埋或烧毁病株，减少病原。葱蒜收获后应晾晒一下，以加速表皮伤口愈合。汰除病残植株。贮藏期间注意通风，保持低温。②药剂防治。在发病初期，可选用77%氢氧化铜超微粉500倍液、14%络氨铜水剂300倍液、1 000万单位农用链霉素4 000倍液、1 000万单位新植霉素4 000倍液喷雾，每7～10天喷1次，视病情连喷2～3次。

7. 炭 疽 病

【症　状】 大蒜鳞茎上发病，生褐色稍凹陷的圆斑，其上散生或轮生小黑点；发病严重时，鳞茎腐烂。叶上发病，有纺锤形灰褐色病斑，散生小黑点，严重时叶片枯死。大葱发生此病，形成梭形或不规则形的无边缘褐斑，上生小黑点。

【发生规律】 该病为真菌病害。病菌在病株残体或鳞茎上越冬。翌年春借气流、雨水及田间作业传播。病菌发育适温为20℃～26℃，发病最适温度为26℃，在高温高湿的条件下易发病。

【防治措施】 ①农业防治。选用抗病品种；实行轮作，最好与非葱类作物轮作；科学管水，开沟排水，做到雨停田干，降湿降渍。②药剂防治。发病初期用50%甲基硫菌灵可湿性粉剂600倍液或75%百菌清可湿性粉剂600倍液喷雾，视病情连喷2～3次。

8. 黑 斑 病

【症　状】 该病主要危害叶片和花梗。植株受害时，初生水浸状白色小斑点，随着病情发展，变为灰色或淡褐色椭圆形或纺锤形病斑，稍凹陷。后期病斑扩大，周围常有黄色晕圈，并具有同心轮纹状排列的深暗色或黑灰色霉状物。发病严重时，病斑相互连成一片或扩大绕叶或花梗一周，使叶或花梗折断，或全叶枯死。

【发生规律】 该病为真菌病害，病原菌随病残体在土壤中越冬。翌年越冬菌产生子囊孢子进行初侵染。田间发病后，病部产生大量分生孢子借风雨传播，进行反复再侵染，使病情扩大发展。病菌喜温湿，温暖多雨天气易发病。此外，在管理粗放、植株生长势弱或受冻等情况下病情加重。

【防治措施】 ①农业防治。选择抗病品种；与非葱蒜类蔬菜实行2年以上轮作；选择排水良好的地块合理密植，使株间通风透光；实行配方施肥，防止植株早衰，提高植株抗病能力；合理灌溉，雨后及时排水，以降低田间湿度；经常做田间检查，及时拔除病株；收获后彻底清除田间病残体，并集中深埋或烧毁。②药剂防治。发病初期，用50%异菌脲可湿性粉剂1 500倍液，或54%噁霉灵可湿性粉剂500倍液，或58%甲霜·锰锌可湿性粉剂800倍液，或75%百菌清可湿性粉剂600倍液，或70%代森锰锌可湿性粉剂600倍液，或14%络氨铜300倍液，或1∶0.5∶200波尔多液喷雾。上述药剂应交替使用，每5～7天左右喷1次，连续喷3～4次。

9. 疫　病

【症　状】 该病危害叶、花梗等。叶部受害时，初期为暗绿色的水浸状病斑，扩大后成为灰白色斑，包围叶身致使叶片常从病部折倒而枯萎。阴雨连绵或湿度大时，病部长出稀疏的白色霉状物；天气干燥时，白霉消失，撕开表皮可见绵毛状白色菌丝体。发病严重时，病叶腐烂，整个植株枯死。

【发生规律】 该病为真菌病害。病菌以菌丝体、卵孢子、厚垣孢子随病株残体在土壤中越冬，翌年春天产生孢子囊和游动孢子，借雨水、气流传播。孢子萌发后产生芽管，芽管可穿透寄主表皮直接侵入。以后，病部又产生孢子囊进行再侵染而扩大危害。病菌生长的最适宜温度为25℃～30℃，在12℃～36℃范围内均可生长发育。夏季雨水多、气温高的年份易发病。种植密度大，地势低洼，田间积水，植株徒长的地块发病重。

【防治措施】 ①农业防治。选用抗病品种；注意排涝，防止湿度过重，合理浇水；收获后及时清除病残体，集中深埋或烧毁；提倡增施有机肥、生物菌肥和钾肥，少施氮肥，以增强抗病能力。②药剂防治。可喷洒25%甲霜灵可湿性粉剂，或64%噁霜·锰锌可湿性粉剂600倍液，或66.5%霜霉威水剂800倍液，或72%霜脲·锰锌可湿性粉剂600～800倍液，或69%烯酰·锰锌＋75%百菌清(1∶1)1 000倍液，或50%多菌灵可湿性粉剂500倍液，或25%甲霜灵可湿性粉剂800倍液，或64%噁霉灵可湿性粉剂500倍液，或50%腐霉利可湿性粉剂1 500～2 000倍液，或58%甲霜·锰锌可湿性粉剂500倍液，或50%异菌脲可湿性粉剂1 000～1 500倍液，或72%霜霉威水剂600倍液，每隔7～10天喷1次，连喷2～3次，交替喷施，前密后疏。

10. 病 毒 病

【症　状】 大葱受害叶片产生黄绿色斑驳，或呈长条黄斑，叶面皱缩、凹凸不平，叶管变形，叶尖逐渐黄化、下垂，新叶生长受抑制，植株矮小、丛生或萎缩，严重时整株死亡。病害多在苗期发生，发病后幼苗生长缓慢或停止，不能形成葱白，严重影响产量和质量。

大蒜病毒病是由多种病毒复合侵染引起的，其症状不完全相同，归纳起来有以下几种：①叶片出现黄色条纹。②叶片扭曲、开裂、折叠，叶尖干枯，萎缩。③植株矮小、瘦弱，心叶停止生长；根系发育不良，呈黄褐色。④不抽薹或抽薹后蒜薹上有明显的黄色斑块。

【发生规律】 带毒葱属植物的幼苗或鳞茎是病毒来源，种子不带毒。病毒的传播途径有两条：一是通过农事活动，如定植、锄地、培土等造成机械伤口使病毒得以入侵；二是通过蚜虫、叶蝉、飞虱等昆虫刺吸作物汁液造成伤口，使病毒得以入侵。

【防治措施】 ①农业防治。建立原种基地,严格进行选种,选用无病大蒜(蒜瓣)作种,减少带毒率;大蒜避免与大葱、韭菜等葱属植物邻作或连作,减少田间自然传播;加强蒜田的肥水管理,提高植株的抗病力;密切注视蒜田及周围作物田蚜虫的发生量,必要时喷洒杀虫剂控制,防止病毒重复感染。②药剂防治。发病初期可喷洒1.5%烷醇·硫酸铜乳剂1 000倍液或20%吗胍·乙酸铜可湿性粉剂500倍液,或0.5%菇类蛋白多糖水剂250～300倍液,每隔10天喷1次,连续喷洒2～3次。

11. 叶 枯 病

【症　状】 该病主要危害叶片或蒜薹。先从叶尖发病,病斑初为白色圆形斑点,逐渐扩大,呈不规则、大小不一、或椭圆形灰黄色至灰褐色病斑,有时遍及全叶。病斑表面密生黑色霉状物,霉状物飞散后,病斑呈灰色或浅黄色,后病斑上产生小黑点(即子囊壳)。该病危害严重时,叶片卷曲、枯死。

【发病规律】 该病为真菌病害。病菌随病株残体在土壤中越冬。翌年借气流传播。病菌为弱寄生菌,不易侵染健株。常伴随霜霉病、紫斑病同时发生。

【防治措施】 ①农业防治。选择地势高燥、排灌方便的地块种植,加强田间管理,增施有机肥,及时排除积水,提高植株抗病能力。发现病株及时拔除,并集中烧毁或深埋。②药剂防治。可在发病初期用75%百菌清可湿性粉剂500倍液,或1∶1∶240～300波尔多液,或70%代森锰锌可湿性粉剂500倍液,或64%噁霉灵可湿性粉剂500倍液,或58%甲霜·锰锌可湿性粉剂500倍液,或40%灭菌丹可湿性粉剂400倍液,或50%异菌脲可湿性粉剂1 500倍液喷雾,每隔7天喷1次,连喷2～3次。

12. 白 腐 病

【症　状】 该病主要危害大蒜叶片、叶鞘和鳞茎。染病植株一般先从外部叶片的叶尖出现黄色或黄褐色条斑,并向叶鞘及内叶发展,植株生长缓慢,较正常植株矮小,假茎变软、腐烂,后期整株发黄枯死,受害组织呈灰黑色并出现灰白色菌丝层和黑色菌核。染病蒜瓣的受害处初期表皮出现水浸状病斑,病斑组织下陷,边缘无色或浅褐色,凹陷处有白色菌丝,以后在组织内外产生黑色菌核。根部染病后,最初呈水浸状,以后变软、腐烂。

【发病规律】 该病以菌核在土壤和病株残体内越冬,翌年春季菌核萌发产生菌丝,借雨水或灌溉水传播。种瓣带菌是远距离传播的主要途径。白腐病菌的菌丝在6℃下不生长,最适生长温度为12℃~19℃,高于25℃生长受抑制。菌核在高湿条件下很快萌发,干燥环境使菌核的生活力大大降低。所以,春末夏初多雨时,病情发展较快,夏季高温干燥时,病情发展较慢。长期连作、排水不良的地块发病较严重。

【防治措施】 ①农业防治。与非葱、蒜类作物实施3~4年轮作;育苗移栽时,汰除病苗。适当灌溉,雨后及时排水,降低田间湿度。发现病株,及时深埋或烧毁,以减少病原。②药剂防治。大蒜在播种前用相当于蒜种量0.5%~1%的多菌灵可湿性粉剂拌种后再播种;发病初期可喷洒50%多菌灵可湿性粉剂500倍液,或用50%异菌脲可湿性粉剂1 000倍液灌淋根茎。在大蒜贮藏期可喷洒50%多菌灵500倍液,或50%异菌脲1 000倍液,每隔10天左右喷1次,连喷1~2次,采收前3天停止用药。

13. 大蒜干腐病

【症　状】 大蒜干腐病在大蒜生长期和贮藏运输期均可发生,尤其是在贮运期发生严重。大蒜生长期发病,病叶尖枯黄,根部腐烂,切开鳞茎基部可见病斑向内向上蔓延,呈半水浸状腐烂,发展较慢。在大蒜贮运期该病危害严重,多从大蒜根部发病,蔓延至主鳞茎基部,使蒜瓣变黄褐色并干枯,病部可产生橙红色霉层。

【发病规律】 该病以菌丝、厚垣孢子在土壤中越冬,从伤口侵入植株,高温、高湿时发病严重。病菌生长温度范围为4℃~

35℃，以25℃～28℃为最适宜，发病适温为28℃～32℃。大蒜接近成熟时遇土壤高湿，则病害加重。贮运期间温度在28℃左右时，大蒜最易腐烂，而在8℃时发病很轻。

【防治措施】①农业防治。在无病区选留种蒜。选无病、充实饱满的蒜瓣作种。与非葱蒜类作物实行3年以上的轮作。田间操作时注意不要造成伤口，及时防治害虫，减少虫伤。在大蒜贮运期间控制温度，保持0℃～5℃的低温，不可超过8℃。②药剂防治。田间发现大蒜萎黄植株，应及时用50%甲基硫菌灵800倍液，或75%多菌灵600倍液，或75%百菌清600倍液灌根防治。如有根蛆为害，可加入50%乐果乳油1 000倍液或50%辛硫磷乳油1 500倍液。

14. 大蒜叶斑病

【症　状】该病只危害大蒜叶片。病叶初期出现针尖状的黄白色小点，逐渐发展成水浸状褪绿斑，后扩大成平行于叶脉的椭圆形或梭形凹陷病斑，中央枯黄色，边缘红褐色，外围黄色。该病大流行时，病斑向叶片两端迅速扩展或数个病斑融合连片，使叶片萎蔫枯黄，蒜株枯死。单个病斑扩展至叶缘时，叶片即从病部折断，湿度大时，病部产生墨绿色霉状物。重病田，大蒜呈现出一片墨绿色枯死。

【发病规律】该病由葱芽枝孢霉引起，属半知菌亚门芽枝孢属真菌。主要在高海拔地区田间生长的落地植株上越夏，随风传播，也可以在分生孢子的病残体(除蒜瓣)内越夏、越冬，共同成为初侵染源。孢子萌发从寄生气孔或表皮细胞间侵入，在维管束周围定植扩展。该病潜育期为6天(15℃～17℃)。在大蒜田间从苗期到蒜头膨大期均可发病。该病菌喜冷凉高湿天气，在西南蒜区冬季病菌仍可侵染危害。春季高湿、连作、过于密植和偏施氮肥的蒜田发病重。

【防治措施】①农业防治。合理轮作换茬，与葱以外的作物轮作；选用抗病品种；适时播种，合理密植；搞好肥水管理，施足基肥，及时追肥，以有机肥为主，增施磷、钾肥和微肥；排涝降渍。②药剂防治。在发病初期，每667平方米用70%代森锰锌可湿性粉剂500倍液，或40%三乙膦酸铝可湿性粉剂500～1000倍液喷洒，每隔7～10天喷1次，视病情和天气情况连用2～3次即可。多菌灵、三唑酮和甲基硫菌灵对该病基本无效。

15. 大蒜红根腐病

【症　状】 大蒜染病后，根及根颈部变为粉红色，植株顶端受害不明显，但鳞茎变小，染病根逐渐干缩死亡；新根不断染病，也不断地干枯，影响大蒜鳞茎生长发育。

【发病规律】 病菌长期在土壤中栖居和越冬，遇有适宜的温度和湿度条件即可发病和扩展。该病菌生长发育适宜温度为22℃～24℃，低温天气，不利于大蒜根系生长发育，当地温低于20℃且持续时间较长时，易诱发此病。土壤黏重的重茬地及地下害虫严重的地块发病重。

【防治方法】 ①农业防治。与非葱蒜类蔬菜进行3年以上的轮作；加强管理，合理密植；采用高垄或高畦栽培，不要在低洼地上种植大蒜；施用充分腐熟的有机肥，或施用酵素菌沤制的堆肥。雨后排水要及时，严禁大水漫灌；前茬收获后及时清除病组织并深翻土壤，或对土壤灌透水，同时用25～40微米厚的聚乙烯或聚氯乙烯膜覆盖；强光照射30～60天对大蒜红根腐病防效极佳；对种子进行消毒，用0.1%硫酸铜液浸种5分钟，洗净后催芽播种。②药剂防治。发病初期用10%混合氨基酸铜水剂或12.5%增效多菌灵200倍液灌根，每隔7～10天灌1次，连续灌2～3次。

16. 大蒜青霉病

【症　状】 该病主要危害鳞茎。危害初期仅一个或几个蒜瓣呈水渍状，后形成灰褐色的不规则形凹陷斑，其上生出绿色霉状物，即病原菌的分生孢子梗和分生孢子。

【发病规律】　病菌多腐生在各种有机物上，产生分生孢子后借气流传播，从蒜头伤口侵入。大蒜贮藏期管理不善会引起严重损失。有时在收获时可发现该病危害，可能与地下害虫有关。个别地块发病重。

【防治措施】　①细心做好鳞茎的采收和贮藏运输工作，尽量避免机械损伤，以减少伤口。避免在雨后、重雾或露水未干时采收。②贮藏窖每平方米用 10 克硫磺密闭熏蒸 24 小时。③采收前 1 周喷洒 70%甲基硫菌灵超微可湿性粉剂 1 000 倍液，或 50%苯菌灵可湿性粉剂 1 500 倍液。④加强贮藏期管理，将贮存温度控制在 5℃～9℃，空气相对湿度控制在 90%左右。

17. 大蒜黑粉病

【症　状】　该病侵害叶身、叶鞘、鳞茎和花梗。发病初期，大蒜表皮下有稍隆起的褐色条斑，以后膨胀成疱状，病疱内充满黑褐色至黑色粉末；最后病疱破裂散出黑色粉状物(厚垣孢子)。幼苗感病后，叶片微黄，稍萎缩，局部膨胀并扭曲。严重时病株显著矮化，约在发芽后 3～5 周枯死。早期发病的病株几乎不再形成鳞茎。鳞茎发病，则外皮先出现黑色隆起的条纹状病斑，以后渐向内部扩展。黑粉病为真菌病害，由担子菌亚门洋葱条黑粉菌侵染引起。黑粉病在北方冷凉地区发生较严重，可侵染葱蒜类作物。

【发病规律】　病菌以厚垣孢子在土壤或粪肥中越冬，也可附着在种子上越冬。厚垣孢子在土壤中长期存活，可达 16 年以上。土壤中的病原菌在种子发芽后 3 周内侵染子叶，植株此时如能避免侵染，则不发病。病菌生长适温为 18℃，侵染适温为 10℃～25℃。此病菌以侵染洋葱为最甚，大蒜对其的抵抗力最强。

【防治方法】　①病田实行 4～5 年以上的轮作。②在土壤温度达 29℃以上时播种，可基本避免发病。重病区应适当调整播种期，在高温时播种育苗。③利用洋葱鳞茎或侧生鳞茎代替种子，可减少发病。带病菌的种子可用福美双、克菌丹等药剂，按药 1 份、种子4份拌种。④不同品种的抗病性有一定的差异，可酌情选用。⑤播种前可用下列方法进行土壤消毒：石灰∶硫磺为1∶2混合粉，每667平方米用量为10千克；或用40%甲醛50倍液在播种沟内喷洒，每667平方米用45～50千克；或用50%福美双，每667平方米用药1.5千克进行地面喷洒。⑥蒜头充分晾晒后，尽快进行低温、低湿贮藏；在贮藏过程中定期用CT果蔬烟剂处理，减少病害的发生。

18. 大蒜曲霉病

【症　状】 该病主要危害鳞茎，初期一个或几个蒜瓣发病，湿度大时病部长出白色菌丝体，后期发病蒜瓣完全充满黑粉（病原菌的分生孢子），其症状与黑粉病近似。

【发病规律】 病菌以菌丝体在土壤、病残体等多种基物上存活和越冬。翌年条件适宜时，分生孢子借气流传播，从伤口或表皮直接侵入。高温高湿，土壤温度、湿度变化激烈或有湿气滞留时，易发病。

【防治方法】 ①收获后及时清除病残体，集中深埋或烧毁，以减少菌原。②用75%百菌清可湿性粉剂，或50%多菌灵可湿性粉剂，或50%甲基硫菌灵可湿性粉剂1千克加细干土50千克，充分混匀后撒在蒜株的基部。③发病初期喷洒上述杀菌剂可湿性粉剂500～600倍液，视病情防治1次或2次。采收前3天停止用药。使用百菌清时，采收前7天停止用药。

19. 大葱褐斑病（叶尖黄萎病）

【症　状】 该病主要危害叶片。叶片染病易从上部开始，初为水浸状黄褐色斑点，继而生成梭形病斑。病斑一般长10～30毫米、宽3～6毫米，斑中部灰褐色，边缘褐色，斑面上易产生黑色小点（即子囊壳）。发病严重时几大病斑融合，导致叶片局部干枯。

【发病规律】 主要以分生孢子器或子囊壳随病残体在土壤中赵冬，翌年借风雨或灌溉水传播，从伤口或自然孔口侵入，发病后病部产生分生孢子进行再侵染。种子也可带菌，气温为18℃～25℃，空气相对湿度高于85%及土壤含水量高易发病。栽植过密，通风透光差，生长势弱的重茬地发病重。南方终年均见该病危害，北方5～10月份均可发生。

【防治措施】①农业防治。选用高脚白、三叶齐、鸡腿葱、章丘大葱等耐热品种。②加强管理，雨后及时排水，防止葱田过湿，以提高根系的活力，增强抗病力。③药剂防治。发病初期喷洒50%腐霉利可湿性粉剂，或50%异菌脲可湿性粉剂1 000倍液，或50%多菌灵可湿性粉剂800倍液，或70%甲基硫菌灵可湿性粉剂1 000倍液加75%百菌清可湿性粉剂800倍液，每隔7～10天喷1次，连喷2～3次。

(二)主要虫害的诊断与防治

1. 根　蛆　根蛆又叫蒜蛆、地蛆、粪蛆，常见的是种蝇和葱蝇的幼虫。

【为害症状】根蛆以幼虫蛀食大蒜鳞茎，使鳞茎腐烂，致使地上部叶片枯黄、萎蔫甚至死亡。拔出受害株可发现蛆蛹，被害蒜皮呈黄褐色腐烂，蒜头被幼虫钻蛀成孔洞而残缺不全，蒜瓣裸露、炸裂并伴有恶臭气味。被害株易被拔出或被拔断。

【发生规律】种蝇和葱蝇在北方一年发生3～4代(由卵—幼虫—蛹—成虫，称为1代)，在南方一年发生5～6代。一般以蛹在土中或粪堆中越冬，成虫和幼虫也可以越冬。翌年早春成虫开始大量出现，早、晚躲在土缝中，天气晴暖时很活跃，田间成虫数量大增。

种蝇和葱蝇都是腐食性害虫，成虫喜欢群集在腐烂发臭的粪肥、饼肥及圈肥等有机物中，并在上面产卵，或在植株根部附近的湿润土面、蒜苗基部叶鞘缝内及鳞茎上产卵。卵期为3～5天，卵孵化为幼虫后便开始为害。幼虫期约20天，老熟幼虫在土壤中化蛹。

幼虫在葱蒜类蔬菜地下部根与假茎间钻成孔道，蛀食心叶部，使组织腐烂、叶片枯黄、萎蔫乃至成片死亡。受害轻的，植株生长衰弱，植株矮小，假茎细，叶片小而少，生长点不能分化花芽；或花芽不能正常发育成蒜薹，抽薹率降低，独头蒜增多，对产量影响很大。该虫一般在春季为害重，夏季为害较轻。大蒜在烂母时期发出特殊臭味，招致种蝇和葱蝇在表土中产卵，所以大蒜在烂母期受害最严重。

【防治措施】 ①农业防治。一是忌施生粪。由于根蛆成虫有趋腐性，所以大蒜地施入的农家肥一定要充分腐热，并深施。二是烂母期尽量不浇水，保持土壤表面干燥，阻止卵孵化。三是不栽将要烂的蒜瓣。因害虫对腐败物有趋化性，防止蒜种在土壤中腐烂发臭，招引成虫产卵。四是适时早播。若大蒜播种晚，蒜苗小，蒜母养分冬前吸收少，春季烂母时养分还没有吸收完，结果腐烂发臭招引成虫产卵，使大蒜受害。应适时早播，使大蒜在春季烂母前蒜瓣营养已耗尽，以减少虫害，最佳播期为 9 月底至 10 月初。五是药剂处理有机肥。沤制的有机肥在运往蒜田前加入 50%乙酰甲胺磷乳油 500 倍液混匀堆闷，一般每立方米有机肥用乙酰甲胺磷乳油 20～30 毫升。六是实行轮作。大蒜与其他蔬菜轮作中忌与大葱、韭菜、白菜等轮作。七是撒施草木灰。因根蛆喜湿怕干，在大蒜根际撒施草木灰能抑制该虫的发育，不利于其生存，有很好的防治作用。②物理防治。在根蛆成虫大量活动期，配制糖醋液诱杀成虫。其方法为：用红糖 100 克、醋 100 克、水 300 毫升、90%敌百虫晶体 10 克，搅拌均匀，浇到锯末或麦秸上，加盖密封，晴天打开盖子，引诱葱蝇吃甜食中毒死亡。③生物防治。在幼虫为害初期，用生物农药 10%潜蛆净 1 500～2 000 倍液或 1.8%阿维菌素乳油2 000 倍液或 4 000 单位/微升苏云金杆菌悬浮剂 300 倍液灌根或随水冲施。④药剂防治。在成虫产卵孵化期(5 月上中旬)，每 667 平方米用 2.5%溴氰菊酯乳油或 20%氰戊菊酯乳油 3 000

倍液，或90%敌百虫晶体1 000倍液，或50%辛硫磷乳油1 000倍液，均匀喷洒大蒜全株和株间土面上，每7天喷1次，连喷2～3次。喷洒时间以上午9～10时效果最佳。当大蒜根部已发生幼虫未为害时，可结合浇水，每667平方米用50%辛硫磷乳油1千克冲施，也可每667平方米用48%毒死蜱乳油0.5千克随水冲施。当根部遭受根蛆为害时，可用48%毒死蜱乳油500倍液，或90%晶体敌百虫1 000倍液，或50%辛硫磷乳油500倍液灌根，采用去掉旋水片的喷雾器，打半气，直接对着根部滴灌，每7～10天滴1次，连续滴2～3次。

2. 葱斑潜蝇　又名葱潜叶蝇，属双翅目潜叶蝇科。主要为害大葱、大蒜、洋葱、韭菜和豌豆等。

【为害症状】　幼虫终生在叶内曲折穿行，潜食叶肉，叶片上可见到迂回曲折的蛇形隧道。叶肉被害，只留上、下两层白色透明的表皮，严重时，每叶片可遭到十几条幼虫潜食，叶片枯萎，影响产量。

【发生规律】　葱斑潜蝇1年发生3～5代，以蛹在被害叶内和土中越冬。第一代为害育苗小葱，第三、第四代为害大葱。5月上旬为成虫发生盛期。卵散产于大葱叶片组织内，4～5天后孵化。幼虫在叶内潜食，6月份为害严重。老熟幼虫在隧道一端化蛹，以后穿破表皮羽化。潜叶蝇卵、幼虫、蛹都在叶内生活，对大气温度敏感，春、秋季节为害严重，炎夏为害减轻。

【防治方法】　①清洁田园。前茬收获后清除残枝落叶，进行深翻、冬灌，消灭虫原。②药剂防治：在产卵前消灭成虫。成虫发生盛期喷80%氟虫腈水分散粒剂1 000～1 200倍液，或50%敌百虫800倍液，每5～7天喷1次。幼虫为害时，喷1.8%阿维菌素乳油2 500～3 000倍液，喷2～3次。

3. 葱蓟马

【为害症状】　成虫、若虫都能为害，以刺吸式口器为害植株心叶、嫩芽的表皮,吸食汁液,致使茎叶出现针头大小的斑点,严重时葱叶弯曲、枯黄,甚至枯死,造成较大损失。

【发生规律】 葱蓟马全年都可发生,以成虫或若虫在葱、蒜、韭菜的叶鞘内和土缝、落叶中越冬,或以蛹态在土中越冬。春天开始活动并繁殖,不断为害。5 月下旬至 6 月上旬干旱无雨或浇水不及时,则葱蓟马为害严重。7 月份以后气温升高,降雨增多,活动受到限制。

【防治方法】 ①清洁田园,及早将越冬葱地上的枯叶清除,消灭越冬的成虫和若虫。②适时灌溉,尤其早春干旱时要及时灌水。③药剂防治。用 50%辛硫磷乳油,或 90%晶体敌百虫,或 25%吡虫啉可湿性粉剂 3 000 倍液喷雾。以上各种药剂应轮换使用。

4. 葱须鳞蛾

【为害症状】 葱须鳞蛾以幼虫蛀食叶片,使植株心叶变黄,降低产品食用价值。该虫在秋季为害较重。

【发生规律】 一年发生多代,以成虫在越冬韭菜干枯叶丛或杂草下越冬。翌年春卵散产在叶片上。幼虫开始食叶时又可蛀入茎部。老熟幼虫在叶中部吐丝结网化蛹。该虫 6 月份前发生较轻,8 月份发生最重,世代重叠。

【防治方法】 ①及时清洁田园,铲除田边杂草、枯叶,减少该虫越冬场所。②该虫发生初期可用 2.5%溴氰菊酯乳油 3 000 倍液,或 20%氰戊菊酯乳油 3 000 倍液,或 80%敌敌畏乳油 1 500 倍液,或 20%氰戊菊酯乳油 3 000 倍液喷雾,上述药液应交替施用。

5. 葱线虫

【为害症状】 以幼虫寄生于大葱根部,严重为害时造成根部腐烂,使整个植株变黄腐烂。引起葱线虫病的有以下 3 种线虫:葱头茎线虫蛀食地下假茎及根茎;甘薯茎线虫为害地下假茎及根茎部分,使其肿胀、破裂或腐烂;根腐线虫为害根茎或假茎,导致根部腐烂或植株无须根症状。

【发生规律】 该虫主要分布在深 20 厘米以内的耕作层中，以 13～15 厘米居多。适于线虫生长和繁殖的温度为 25℃～30℃，低于 10℃停止活动。通气性较好、结构疏松的砂壤土以及连作、偏施无机化肥特别是氮肥的土地发病较重。在黏土、红壤土、水旱轮作、增施有机肥料(有机复合肥)的地方病轻。低洼并长期积水、板结、干燥的土地不易发病。连作时间越长，发病越重。

【防治措施】 每 667 平方米用 30%氯唑磷 3～4 千克处理土壤，或用 50%辛硫磷 500 倍液喷淋、灌根，均能有效地控制其为害。

二、生姜病虫害的诊断与防治

(一)主要侵染性病害的诊断与防治

1. 姜腐烂病　又称姜瘟、软腐病，是姜生产中最常见且在我国南北各姜产区普遍发生的一种毁灭性病害。发病地块一般减产 10%～20%，重者达 50%以上，甚至绝产，对生姜的生产构成严重威胁，是制约生姜发展的一大因素。种植生姜的地块均有此病发生，尤以连作地更为严重。

【症　状】 生姜的根、茎、叶均可受害发病。病菌一般先在地上茎基部及根茎上侵染危害。发病初，叶片卷缩、下垂而无光泽，而后叶片由下至上变枯黄色，病株基部初呈暗紫色，后变水浸状黄褐色，继而根茎变软腐烂，有白色发臭的黏液；最后地上部凋萎而枯死，并易从茎秆基部折断倒伏。

【发生规律】 姜腐烂病是一种细菌性病害，其病原菌为青枯假单胞杆菌，其存活的温度为 5℃～40℃，最适温度为 25℃左右，52℃ 10 分钟可使病菌致死。该病病菌可在种姜、土壤及含病残株的肥料上越冬，因而可通过病姜、土壤及肥料传播，成为翌年初侵染的来源。病菌侵染时多从近地表处的伤口及自然孔侵入根茎或由地上茎、叶向下侵染根茎，病姜流出的菌液借助水流传播。该病流行期危害严重。华北地区一般7月份始发，8～9月份为发病盛期，10月份停止发生。其发病的早晚、轻重与当年的气温及降水量有关，一般温度越高，其潜育期及病程越短，病害蔓延越快，尤其是高温多雨天气，大量病菌随水扩散，造成多次再侵染，往往在较短时间内就会引起大批植株发病。因此，在发病季节，如天气闷热多雨，田间湿度大，发病越重；反之，降水量较少、气温较低的年份往往发病较轻。此外，地势高燥、排水良好的沙质土一般发病轻；地势低洼、易积水、土壤黏重或偏施氮肥的地块发病重。

【防治方法】 生姜腐烂病的发病期长、传播途径多，防治较困难，因而在栽培上应以农业防治措施为主，辅之以药剂防治，以切断传播途径，尽可能地控制病害的发生及蔓延。其防治方法如下。

①实行合理轮作。由于生姜腐烂病菌可在土壤中存活2年以上，所以轮作换茬是切断土壤传菌的重要途径。尤其是对于已发病的地块，要间隔2～3年以上才可种姜。种植生姜的前茬地应是新茬或粮食作物地块，而菜园地以葱蒜茬较好，种过番茄、茄子、辣椒、马铃薯等茄科作物，特别是发生过青枯病的地块，不宜种植生姜。

此外，据相关资料介绍，生姜套种大蒜效果好，生姜为阴性植物，不耐强光，生育前期需中等强度的光照条件，实行蒜姜套种，利用蒜苗进行遮荫，可节省工料；同时大蒜能挥发一种杀菌物质，可有效地减少姜瘟病的发生。据调查，套种生姜比单作生姜发病率明显降低。

②选用无病姜种。生姜收获前，可在无病姜田严格选种，在姜窖内单放单贮；对姜窖及时消毒，翌年下种前再严格挑选，清除种姜带菌隐患；催芽前用"根叶康"80～120倍液浸种。

③选地和整地。姜田应选地势较高、排水良好的壤土，起高

垄，挖排水沟。姜沟不宜过长，以防止排水不畅而积水引发病害。

④改善田间小气候。在幼苗期（从出苗至立秋前）加盖遮阳网和种植早玉米等植物。

⑤施净肥。种植生姜所用肥料应保证无姜腐烂病病菌，因而不可用病姜、病株及带菌土壤沤制土杂肥，所用的有机肥必须充分腐熟，最好使用腐熟的大豆或豆饼配合其他化肥。

⑥浇净水。姜田最好采用井水灌溉，并防止灌溉水被污染，严禁把病株扔到水渠及水井中。如有条件，应采用塑料软管灌溉。

⑦病株处理。当田间发现病株后，除应及时拔除中心病株外，还应将四周 0.5 米以内的健株一并拔掉，并挖去带菌土壤，在病穴内撒施石灰，而后用干净的无菌土掩埋。为防止浇水时病菌的传播，应使水流绕过发病地带。

⑧药剂防治。根据往年发病时间，在发病前 10 天采取施药防病的效果很好，即在取母姜后用 45%代森铵水剂 160 倍液灌窝，或用 50%多·硫可湿性粉剂 1 000 倍液灌根，每株灌药量为 0.5 千克，每隔 7～10 天灌 1 次，连灌 3～5 次，防治率达 87.2%，基本上可控制第一发病期病害。但在发病初期用上述农药，其防治率仅达 63.6%。第二发病期前用 1%噻枯唑可湿性粉剂或 20%草木灰水灌窝，连续灌 2 次可控制第二发病期病害的发生与流行。

此外，在生姜齐苗期每 667 平方米用 78%姜瘟宁 500 倍液 300 千克灌窝。发病初期也可以用 78%姜瘟宁 300～500 倍液灌窝或喷雾，每隔 5～7 天喷一次，连喷 2～3 次；或用 72%硫酸链霉素 3 000 倍液，或 1 000 单位新植霉素 3 000 倍液，或 90%三乙膦酸铝可溶性粉剂 300 倍液灌窝，可有效地控制姜瘟病的危害。

⑨姜腐烂病主要从伤口侵入，为减少发病机会，不要挖姜种，并注意及时防治地下害虫。

2. 姜叶枯病　该病在全国分散发生，传播慢，流行面不广，除少数地区发病较重外，一般发病较轻。长江流域各地于 7～8 月份发病，病情发展快，危害严重。

【症　状】 该病主要危害叶片，初期叶片呈暗绿色，逐渐变厚、有光泽；叶脉间出现黄斑，逐渐扩大使全叶变黄而枯凋，病斑表面出现黑色小粒点（即病原菌分生孢子），严重时全叶变褐枯死。

【发生规律】 病菌以子囊座或菌丝在病叶上越冬，翌年春产生子囊孢子，借风雨、昆虫或农事操作传播蔓延。高温、高湿天气有利于发病。连作地、植株定植过密、通风不良、氮肥过量、植株徒长等，发病重。

【防治措施】 ①农业防治。选用莱芜生姜、密轮细肉姜、疏轮大肉姜等优良品种。重病地要与禾本科或豆科作物进行3年以上轮作，提倡施用日本酵素菌沤制的堆肥或充分腐熟的有机肥。采用配方施肥技术，适量浇水，注意降低田间湿度。秋冬要彻底清除病残体，田间发病后及时摘除病叶集中深埋或烧毁。②药剂防治。发病初期开始喷洒40%百菌清悬浮剂600倍液或65%多果定可湿性粉剂1 500倍液，或50%苯菌灵可湿性粉剂1 000倍液，或64%噁霜・锰锌可湿性粉剂500倍液，隔7～10天喷1次，连续防治2～3次。

3. 姜花叶病毒病

【症　状】 该病主要危害叶片，叶面上出现淡黄色绒状条斑，引起系统花叶病。

【发病规律】 病毒在多年生宿根植物上越冬，靠蚜虫传毒，该病毒寄主广。蚜虫发生量大时发病重。

【防治方法】 ①农业措施。要因地制宜地选择抗病、高产的良种。②杀蚜防病。在蚜虫迁飞高峰期及时杀蚜防病，拔除病株，以防止扩大传染。③农药防治。发病初期喷洒7.5%克毒灵水剂700倍液，或15%三氮唑核苷・铜・锌可湿性粉剂600～800倍液，或20%盐酸吗啉胍，或5%菌毒清可湿性粉剂500倍液，或20%病毒宁（苦参碱・硫磺・氧化钙）可溶性粉剂500倍液，或0.5%菇类蛋白多糖水剂

250倍液，隔10天左右1次，连续喷2～3次。

4. 姜斑点病

【症 状】该病主要危害叶片，叶片斑点黄白色，梭形或长圆形、细小，长2～5毫米，斑中部变薄，易破裂或穿孔。严重时，病斑密布，全叶星星点点，故又名白星病。病部可见针尖小点，即分生孢子器。

【发病规律】该病主要以菌丝和分生孢子器随病残体遗落土中越冬，以分生孢子作为初侵染和再侵染源，借雨水溅射传播蔓延。温暖多湿，株间郁闭，田间湿度大或植地连作，有利于该病发生。

【防治措施】①避免连作，不要在低洼地种植；注意清沟排渍，做好清洁田园工作。②避免偏施氮肥，注意增施磷、钾肥及有机肥。③发病初期喷洒70%甲基硫菌灵可湿性粉剂1000倍液+75%百菌清可湿性粉剂1000倍液，每隔7～10天喷1次。

5. 姜炭疽病

【症 状】该病危害叶片、叶鞘和茎。染病叶多先自叶尖或叶缘出现病斑，初为水渍状褐色小斑，后向下、向内扩展成椭圆形、梭形或不定形的褐斑，斑面云纹明显或不明显。数个病斑连合成斑块，叶片变褐干枯。潮湿时斑面出现小黑点即病菌分生孢子盘，危害茎或叶鞘形成不定形或短条形病斑，亦长有黑色小黑点，严重时可使叶片下垂，但仍保持绿色。

【发病规律】病菌以菌丝体和分生孢子盘在病部或随病残体遗落土中越冬。分生孢子借雨水溅射或小昆虫活动传播，成为本病初侵染和再侵染源。病菌除危害姜外，还可侵染多种姜科或茄科作物。在南方，病菌在田间寄主作物上辗转传播危害，无明显的越冬期。植地连作，田间湿度大，或偏施氮肥，植株生长势过旺，日平均气温为24℃～28℃、多雨潮湿的天气等均有利于该病的发生。

【防治措施】①避免姜地连作。②注意田间卫生，收获时彻底收集病残物进行烧毁。③抓好以肥水管理为中心的栽培防病。增施磷、钾肥和有机肥，避免偏施氮肥。高畦深沟，清沟排渍。④及时喷洒70％甲基硫菌灵可湿性粉剂1000倍液加75％百菌清可湿性粉剂1000倍液，或40％多・硫悬浮剂500倍液，或50％苯菌灵可湿性粉剂1000倍液，或50％复方硫菌灵可湿性粉剂1000倍液，或30％氧氯化铜悬浮剂800倍液，每10～15天喷1次，连续喷2～3次，并注意喷匀喷足。

6. 姜枯萎病 又称姜块茎腐烂病，主要危害地下块茎部。

【症　状】块茎变褐腐烂，地上植株呈枯萎状。该病常与姜腐烂病外观症状混淆，二者的区别是：姜腐烂病的块茎多呈半透明水渍状，挤压患部溢出像洗米水状的乳白色菌脓，镜检则见大量细菌漏出；姜枯萎病块茎变褐而不带水渍状半透明，挤压患部虽渗出清液但不呈乳白色浑浊状，镜检病部可见菌丝或孢子，泡湿后患部多长出黄白色菌丝，要注意挖检去表面长有菌丝体的块茎。

【发病规律】病菌以菌丝体和厚垣孢子随病残体遗落土中越冬。带菌的肥料、姜种块和病土成为翌年初侵染的来源。病部产生的分生孢子借雨水溅射传播进行再侵染。植地连作、低洼地排水不良或土质过于黏重，或施用未充分腐熟的土杂肥，均易发病。

【防治措施】①农业防治。选用密轮细肉姜、疏轮大肉姜等耐涝品种。常发地或重病地宜实行轮作，有条件的最好实行水旱轮作。选高燥地块或高厢深沟种植。提倡施用日本酵素菌沤制的堆肥和充分腐熟的有机肥，并适当增施磷、钾肥。注意田间卫生，及时收集病残株烧毁。②药剂防治。常发地种植前可用50％多菌灵可湿性粉剂300～500倍液浸姜种块1～2小时，捞起拌草木灰后再下种。发病初期于病穴及其四周植穴淋施50％甲基硫菌灵・硫磺悬浮剂800倍液，或10％混合氨基酸铜(万枯灵)水剂400倍液，或50％苯菌灵可湿性粉剂1000倍液防治1～2次，以控制病害蔓延。

7. 姜眼斑病

【症　状】 该病主要危害叶片，感病后叶面初生褐色小点，叶片两面病斑逐渐扩展为梭形，形似眼睛，故称眼斑(眼点)病。病斑灰白色，边缘浅褐色，病部四周黄晕明显或不明显；空气相对湿度大时，病斑两面生暗灰色至黑色霉状物，即病菌的分生孢子梗和分生孢子。

【发病规律】 病菌以分生孢子丛随病残体在土中存活越冬，以分生孢子借风雨传播进行初侵染和再侵染。温暖多湿的天气有利于本病发生。植地低洼高湿、肥料不足特别是钾肥偏少，植株生长不良，发病重。

【防治措施】 ①农业防治。加强肥水管理。施用酵素菌沤制的堆肥或腐熟的有机肥，增施磷、钾肥特别是钾肥，提高植株抵抗力。要常清沟排渍以降低田间湿度。②药剂防治。可结合防治其他叶斑病进行药剂防治。重病田可喷 27%碱式硫酸铜悬浮剂 600 倍液，或 30%碱式硫酸铜胶悬剂 300 倍液，或 30%氧氯化铜悬浮剂 600 倍液，或 50%克瘟散乳油 800 倍液，或 50%腐霉利可湿性粉剂 1 500 倍液。

8. 姜细菌性软腐病

【症　状】 该病主要侵染根茎部，初呈水渍状，用手挤压，可见乳白色浆液溢出。因地下部腐烂导致地上部迅速湿腐，病情严重的根、茎呈糊状软腐，散发出臭味，最后导致全株枯死。

【发病规律】 病原细菌主要在土壤中生存，经伤口侵入发病。该菌发育温度范围为 2℃～41℃，适宜温度为 25℃～30℃。

【防治措施】 ①农业防治。选择灌溉、排水方便的地块种植，雨后要及时排除积水，降低田间湿度。贮藏生姜时要选择高燥地块，免遭腐烂。②农药防治。发病初期喷洒 27%碱式硫酸铜悬浮剂 600 倍液，或 30%氧氯化铜悬浮剂 800 倍液，或 1：1：120 波尔多液，或 12%松脂酸铜乳油 500 倍液，每隔 10 天喷 1 次，连续防治 2～3 次。

9. 姜腐霉病

【症　状】 地上部茎叶变黄凋萎，逐渐死亡。地下根状茎褐变腐烂，一般先从叶片尖端及叶缘褪绿变黄，后扩展到整个叶片，且逐渐向上部叶片扩展，导致整株黄化、倒伏，扒开根部可见根茎腐烂。

【发病规律】 参见姜细菌性软腐病。

【防治措施】 参见姜细菌性软腐病。

10. 姜纹枯病 又称立枯病，主要危害幼苗。

【症　状】 初始病苗茎基部靠地际处褐变，引致立枯。叶片染病，初生椭圆形至不规则形病斑，扩展后常相互融合成云纹状，故称纹枯病。茎秆上染病，空气相对湿度大时可见微细的褐色丝状物，即病原菌菌丝。根状茎染病，局部变褐，但一般不引致根腐。

【发病规律】 病菌主要以菌核遗落土中或以菌丝体、菌核在杂草和田间其他寄主上越冬。翌年条件适宜时，菌核萌发产生菌丝进行初侵染，病部产生的菌丝又借攀缘接触进行再侵染。高温多湿的天气或植地郁闭、高湿或偏施氮肥皆易诱发本病。前作稻纹枯病严重、遗落菌核多或用纹枯病重的稻草覆盖的植地，往往发病更重。

【防治措施】 ①前作稻纹枯病严重的田块勿选作姜地。②勿用稻纹枯病重的稻秸作姜地覆盖物。③施用酵素菌沤制的堆肥或腐熟有机肥。④选择高燥地块种姜，及时清沟排渍降低田间湿度；发病初期喷淋或浇灌20%甲基立枯磷乳油1 000倍液，或40%拌种双悬浮剂600倍液，或30%苯噻氰乳油1 300倍液，或5%井冈霉素水剂1 000倍液，或25%多菌灵可湿性粉剂500倍液，或4%多抗霉素120水剂200～300倍液，每隔10天左右喷1次，连喷2～3次，注意喷匀喷足。提倡用95%噁霉灵可湿性粉剂3 000倍液喷雾。

11. 生姜线虫病(癞皮病)

【症　状】 地上部姜苗生长缓慢，姜叶边缘褪绿变黄，严重时呈红褐色，地下部姜根稀少，姜块表面有明显凸起，呈癞皮状。发病地块一般产量降低，姜块品质下降，对生产影响较大。

【发病规律】 姜根结线虫主要以卵、幼虫在土壤和病姜块茎及根内越冬。翌年姜播种后，条件适宜时，越冬卵孵化，1 龄幼虫留在卵内，到 2 龄时幼虫从卵中钻出进入土壤中。幼虫从姜的幼嫩根尖或块茎伤部侵入，刺激寄主细胞，使之增生成根结。姜根结线虫靠土壤、病残体、灌溉水、农具、农事作业等传播，一般每年发生 3 代。

土壤性质、温度、湿度与线虫病的发生有密切的关系，据调查，含磷量大的地块及施用化学肥料多、土壤呈酸性、透气松散的砂壤土发病重。姜根结线虫活动的适宜温度为 20℃～25℃，35℃以上停止活动，幼虫在 55℃温水中 10 分钟即死亡。

经对不同深度的土壤中线虫含量调查，姜根结线虫以 10～20 厘米土层中为多，平均每克土样中有线虫 6.75 条，最多 8.9 条；其次为 20～30 厘米土层，平均每克土样含线虫 2.8 条；0～10 厘米土层中线虫最少，平均每克土样中有线虫 2.05 条。

【防治措施】 线虫病是一种土传病害，在不使用高毒农药的前提下，目前尚无理想的防治药剂，因此必须采取以下综合防治措施：①选好姜种。选择无病害、无虫伤、肥大整齐、色泽光亮、姜肉鲜黄色的姜块作姜种。②合理轮作。与玉米、棉花、小麦进行轮作 3～4 年，以减少土壤中的线虫量。③土壤处理。播种前每 667 平方米用 98％棉隆颗粒剂 5 千克，或氰氨化钙 60～75 千克处理土壤。④清洁田园，施用有机肥。收获后，将植株病残体带出田外集中晒干、烧毁或深埋。冬前深耕以减少下茬线虫数量。施用充分腐熟的有机肥作基肥，合理施肥，做到少施勤施，增施钾、钙肥，增强植株的抗逆性。⑤化学防治。生姜生长期用 48％毒死蜱乳油 1 000 倍液灌根。每 667 平方米用 3％氯唑磷颗粒剂 3～5 千克或 10％克线磷颗粒剂 1.5 千克掺细土 30 千克撒施于种植沟内，用抓钩搂耙使其与土壤掺匀，而后播种。⑥生物防治。用生物农药——阿维菌素乳油防治线虫病，每667平方米用1.8%阿维菌素乳油450～500毫升拌20～25千克细沙土，均匀撒施于种植沟内，其防治效果可达90%以上，持效期为60天左右。

（二）主要虫害的诊断与防治

1. 姜螟 为害生姜的主要害虫为姜螟（玉米螟），其食性很杂，以幼虫咬食嫩茎，钻到茎中继续为害，故又称钻心虫。

【为害特点】 生姜植株被姜螟咬食后，造成姜茎空心，水分及养分运输受阻，导致姜苗上部叶片枯黄凋萎，茎秆易于折断。

【发生规律】 姜螟一年可发生2～4代，以幼虫蛀食生姜地上茎部。华北地区姜螟幼虫一般6月上旬开始出现，一直为害至生姜收获。尤以7～8月份发生量大，为害也重，幼虫还可转株为害。

【防治方法】 生姜叶面喷洒90%敌百虫晶体800倍液，或50%辛硫磷乳油1 000倍液，或5%氟虫腈悬浮剂1 500倍液。也可用这些药剂注入生姜地上茎的虫口。

2. 异形眼蕈蚊 是生姜贮藏期的主要害虫，其幼虫俗称姜蛆，也为害田间种姜，对生姜的产量和品质造成一定影响。

【为害特点】 因异形眼蕈蚊幼虫有趋湿性和隐蔽性，初孵幼虫即蛀入生姜皮下取食。在生姜“圆头”处取食的，以丝网粘连虫粪、碎屑覆盖其上，幼虫藏身其中，身体不停地蠕动，头也摆动拉动线网。生姜受害处仅剩表皮、粗纤维及粒状虫粪，还可引起生姜腐烂。

【发生规律】 异形眼蕈蚊对环境条件的要求不严格，在4℃～35℃温度范围内均可存活，因而在姜窖里可周年发生，尤其到清明节气温回升时，为害加剧。据田间调查，种姜被害率达20%～25%。受害种姜表皮色暗，肉呈灰褐色，剥去被害部位表皮，可见若干白线头状幼虫在蠕动，有的被害姜块已腐烂，在其中仍有幼虫存活，说明幼虫有植食性兼腐食性的特点。但在田间调查中未发现鲜姜受害。该虫1年可发生若干代，在20℃条件下，一般1个月可发生1代。

【防治方法】 ①姜窖内的防治。生姜入窖前彻底清扫姜窖，用50%辛硫磷乳油1000倍液喷窖。②田间防治。精选姜种，发现被害种姜立即淘汰，或用50%辛硫磷乳油1000倍液浸泡种姜5～10分钟，以杜绝害虫从姜窖内传至田间。

3. 葱蓟马 其防治方法参见为害葱蒜的葱蓟马。

4. 姜弄蝶

【为害特点】 幼虫吐丝黏叶成苞，隐匿其中取食，受害叶片呈缺刻或在1/3处断落，严重时仅留叶柄。

【发生规律】 在广东省一年发生3～4代，以蛹在草丛或枯叶内越冬。翌年春4月上旬羽化、产卵。幼虫5月中旬开始为害，以7～8月份为害最烈。雌蝶将卵散产于叶背，每雌可产20～34粒。幼虫孵化后爬至叶缘，吐丝缀叶，3龄后可将叶片卷成筒状叶苞，并于早晚转株为害。老熟幼虫在叶背化蛹。卵期4～11天；幼虫期14～20天，共5龄；蛹期6～12天；成虫寿命10～15天。

【防治方法】 ①生姜收获后，及时清理假茎和叶片，烧毁或沤制肥料，以减少虫原。②人工摘除虫苞。③在幼虫期进行药剂防治，可用25%喹硫磷乳油800～1000倍液或20%氰戊菊酯乳油2000倍液喷雾，效果较好。

三、葱姜蒜安全生产的农药限制

(一)禁止使用的农药种类

葱姜蒜安全生产必须遵守国家关于绿色食品蔬菜生产禁用的农药品种(表6-1)和其他高毒高残留农药。

表 6-1　A 级绿色食品生产中禁用的农药

农药种类	农　药　名　称	禁用原因
有机砷杀虫剂	砷酸钙、砷酸铅	高毒
有机砷杀菌剂	甲基胂酸锌、甲基胂酸铵、甲基胂酸钙、福美甲胂、福美胂	高残留
有机锡杀菌剂	三苯基醋酸锡、三苯基氯化锡、毒菌锡、氯化锡	高残留
有机汞杀菌剂	氯化乙基汞(西力生)、醋酸苯汞(赛力散)	剧毒、高残留
有机杂环类	敌枯双	致畸
氟制剂	氟化钙、氟化钠、氟乙酸钠、氟乙酰胺、氟铝酸钠、氟硅酸钠	剧毒、高残留、易药害
有机氯杀虫剂	DDT、六六六、林丹、艾氏剂、狄氏剂	高残留
有机氯杀螨剂	三氯杀螨醇	工业品中含有琥胶肥酸铜
卤代烷类杀虫剂	二溴乙烷、二溴氯丙烷	致癌、致畸
有机磷杀虫剂	甲拌磷、乙拌磷、久效磷、对硫磷、甲基对硫磷、甲胺磷、氧化乐果、治螟磷、蝇毒磷、水胺硫磷、磷胺、内吸磷	高毒
氨基甲酸酯杀虫剂	克百威、涕灭威、灭多威	高毒
二甲基甲脒杀虫剂	杀虫脒	致癌
取代苯类杀虫、杀菌剂	五氯硝基苯、五氯苯甲醇	致癌
二苯醚类除草剂	除草醚、草枯醚	慢性毒性

(二)允许使用的农药种类、用量及安全间隔期

在葱姜蒜安全生产中,允许使用低毒低残留化学农药防治真菌、细菌、病毒病及害虫,但应遵循以下原则:贯彻“预防为主,综合防治”的植保方针,采用各种有效的农业、物理、生物、生态等非化学防治手段,减少农药的使用次数和用量;优先选择生物农药或生化制剂农药如苏云金杆菌、白僵菌等;尽量选择高效、低毒、低残留农药;当病虫害将造成毁灭性损失时,才选用中等毒性和低残留农药;尽可能选用土农药等。现将一些在葱姜蒜安全生产病虫害防治中常用的农药品种及其用量介绍如下。

1. 防治真菌病害的药剂　可选用以下药剂喷施:50%多菌灵可湿性粉剂500倍液,75%百菌清可湿性粉剂600倍液,70%代森锰锌可湿性粉剂500倍液,50%异菌脲可湿性粉剂1 000倍液,25%甲霜灵可湿性粉剂600倍液,20%三唑酮可湿性粉剂1 500倍液,70%甲基硫菌灵可湿性粉剂500倍液,56%氧化亚铜水分散微粒剂800倍液,77%氢氧化铜可湿性粉剂1 000倍液,65%硫菌·霉威可湿性粉剂1 000～1 500倍液,64%噁霜·锰锌可湿性粉剂500倍液,72%霜脲·锰锌可湿性粉剂600～750倍液。

2. 防治细菌病害的药剂　可选用以下药剂喷施:77%氢氧化铜可湿性粉剂1 000倍液,40%春雷·氧氯铜可湿性粉剂600～1 000倍液,50%丁戊己二元酸铜可湿性粉剂500倍液,72%农用链霉素可溶性粉剂4 000倍液,新植霉素可溶性粉剂4 000～5 000倍液。

3. 防治病毒病的药剂　可选用以下药剂喷施:20%吗胍乙酸铜可湿性粉剂500倍液,0.5%菇类蛋白多糖水剂300倍液,5%菌毒清水剂300倍液+1.5%烷醇·硫酸铜乳剂500倍液,磷酸三钠500倍液。

4. 杀虫剂　可喷施90%敌百虫晶体1 000～2 000倍液,或

50%辛硫磷乳油 1 000 倍液,或 20%灭幼脲 1 号或 25%灭幼脲 3 号悬浮剂 500～1 000 倍液,或 5%氟啶脲乳油 4 000 倍液,或 5%氟苯脲乳油 4 000 倍液,或 80%敌敌畏乳油 1 200～1 500 倍液,或 21%增效氰・马乳油 3 000～4 000 倍液,或 2.5%溴氰菊酯乳油 3 000 倍液,或 40%毒死蜱 750～1 050 倍液,或 25%喹硫磷乳油 1 000倍液,或 10%联苯菊酯乳油 1 000 倍液,或 40%乐果乳油 2 000倍液,或 50%马拉硫磷乳油 1 000 倍液,或 10%吡虫啉可湿性粉剂 2 500 倍液,或 25%高效氯氟氰菊酯乳油2 000 倍液,或 50%抗蚜威可湿性粉剂 2 000 倍液。

5. 安全间隔期 一般指最后一次施药与产品采收时间的间隔天数。一般情况下,在葱蒜类蔬菜采收前 15 天左右不得施用任何农药。但不同农药的安全间隔期不同,同一种农药在不同的施药方式下,其安全间隔期也有所不同。因此,在使用时要严格遵守 GB 4285—89 和 GB/T 8321(所有文件)上的规定,坚决杜绝不符合安全间隔期要求的葱蒜类蔬菜提前上市。例如,用 50%辛硫磷乳油 2 000 倍液或 25%喹硫磷乳油 2 500 倍液对葱蒜类蔬菜进行浇灌时,安全间隔期不少于 17 天;用 40%乐果乳油 2 000 倍液,或 90%敌百虫晶体 1 000～2 000 倍液喷雾时,安全间隔期一般为 7 天;用 80%代森锌可湿性粉剂 500 倍液喷雾,安全间隔期为 10 天左右;用 77%氢氧化铜可湿性粉剂 1 000 倍液或 56%氧化亚铜水分散微粒剂 800 倍液喷雾,安全间隔期一般为 3 天。

(三)科学使用化学农药

1. 搞好病虫害综合防治,减少用药次数

(1)农业防治 ①实行轮作,以恶化病虫的营养条件。②深翻土壤或晒土冻垡,以恶化病虫的生存环境。如深翻后,可将地表的病虫深埋土中密闭致死,也可将土中的病虫翻至地面被强烈的太阳光晒死或冻死。③除草和清洁田园,以降低病虫基数。④合理施肥和排灌。经过沤制的腐熟肥料，病原菌和虫卵大幅减少。土壤过干或过湿都不利于葱姜蒜植株生长而有利于病虫害的发生。因此，要合理排灌。⑤调整茬口，进行避虫栽培。⑥选用抗病品种。

(2)生物防治　①施用生物农药，如生物农药苏云金杆菌、有益微生物增产菌等。每667平方米用苏云金杆菌生物杀虫剂150～200毫升喷洒，每7天喷1次，能有效地杀死种蝇的1～2龄期幼虫；每667平方米用30%多抗霉素水剂120毫升和BO-10 500毫升喷雾，用10%浏阳霉素乳油或1.8%阿维菌素2 500～3 000倍液喷洒，可防治红蜘蛛、螨虫、斑潜叶蝇；用72%农用链霉素可溶性粉剂或新植霉素可溶性粉剂4 000～5 000倍液，可防治葱姜蒜细菌性病害；用氟啶脲可防治鳞翅目的害虫等。②利用天敌治虫。利用丽蚜小蜂可防治白粉虱，利用七星瓢虫、草蛉可防治蚜虫、螨类。③利用植物治虫。利用洋葱、丝瓜叶、番茄叶的浸出液制成农药，可防治蚜虫、红蜘蛛，利用苦参、臭椿、大葱叶浸出液，可防治蚜虫。

(3)物理防治　①温汤浸种，可杀灭种子中的虫卵、幼虫或病菌。②人工捕杀。根据蚜虫对黄色有强烈趋色性的特性，在蒜田采用黄板涂机油的方法予以防治，效果良好；利用害虫的趋光性，可采用黑光灯诱杀；用银灰色薄膜避蚜和利用防虫网栽培等。③利用高新技术防治，如利用脱毒技术可有效地减少病毒病的发生，从而提高产量。

2. 科学地使用农药，使农药污染降到最低限度　农药施用技术是无公害葱姜蒜生产的关键，在葱姜蒜生产过程中应遵循“严格、准确、适量”的施药原则，提倡使用生物农药。

(1)严格用药　一是要严格控制农药品种。农药品种繁多，在葱姜蒜生产上选择农药品种时，优先使用生物农药和低毒、低残留的化学农药，严禁在葱姜蒜上施用高残留农药。二是严格执行农药安全间隔期。在农药安全间隔期内不允许收获上市。每种农药均有各自的安全间隔期，一般允许使用的生物农药安全间隔期为3～5天，菊酯类农药安全间隔期为5～7天，有机磷类农药安全间隔期为7～10天；杀菌剂中的百菌清、多菌灵等安全间隔期为14天以上，其余大多为7～10天。

（2）准确用药　是指讲究防治策略，适期防治，对症下药。一是要根据病虫发生规律，准确选择施药时间，即找准最佳的防治适期。二是根据病虫田间分布状况和栽培方式，准确选择用药方式，能进行冲治的不搞喷雾，能局部防治的不全面用药。

（3）适量用药　必须从实际出发，确定有效的农药使用浓度和剂量。一般杀虫剂效果达到85%以上，杀菌剂防病效果达到70%以上的，即称为高效，切不可盲目地追求防效达百分之百而随意加大农药浓度和剂量。

第七章　葱姜蒜良种繁育与品种提纯复壮

一、葱的留种技术

(一)大葱留种法

在大葱收获时,挑选具备品种特征的植株,稍在田间晾晒,立即整株栽到有隔离条件、不重茬的地块预先做好的沟中。沟的宽、深为30～35厘米,沟距70～80厘米,每沟可栽1～2行,行距10厘米,株距5厘米。单行每667平方米栽17 000～19 000株,双行每667平方米栽33 000～38 000株。每667平方米施优质农家肥3 000千克,尿素15千克或三元复合肥20千克,施入预先刨好的垄沟中,使粪土掺匀,而后插葱。封冻前培土。翌年2月,垄背有萌发的新叶时,标志着种株开始返青,及时剪去葱株上部20厘米的枯梢,平去培土。3月上旬浇返青水。4月中下旬至5月上旬为盛花期,要及时追施尿素或复合肥,每667平方米施15～20千克。抽薹期应控制浇水,花期及时浇水,保持地面湿润,但要防止积水沤根。开花期经常用手抚摸花球进行人工辅助授粉,并注意防治病害。每667平方米产种子50千克左右。

(二)分葱和细香葱留种法

分葱和细香葱大都采用分株繁殖,需设专门的留种田,不加采收。留种田栽培与生产大田相同,但氮肥施用量要适当减少,磷、钾肥要适当增加。一般春季栽植的留种田,可用于秋季分株栽植;秋季种植的留种田,可用于翌年春季分株栽植。一般每667平方米留种田可分株栽植生产大田0.5～0.67公顷(8～10亩)。

二、大蒜的良种繁育与品种提纯复壮

(一)大蒜的良种繁育

1. 选种 大蒜选种应从田间管理开始。在栽培中,应选择良好的地块,挑选良好的蒜种适期播种,合理密植,培育壮苗,加强肥水,适时收薹收蒜,妥善保存。大蒜收获时应从田间开始选种,首先选叶片落黄正常、无病虫害表现的植株。再从中选头大而圆、蒜头上无"芽蒜"、无损伤、大小均匀、皮色呈肉色、分瓣数符合本品种特性的蒜头,单晒、单辫、单收藏。播种前剔出受冻、受热、受伤、发芽过早、发黄、失水干瘪的蒜头。如用以上措施,年年进行选种,建立种子田,则可提高种性。有条件时,可从产量高、品质好的冷凉山区和高纬度地区产地引种,进行大面积换种,亦可迅速改良种性。

2. 气生鳞茎繁殖 利用气生鳞茎作种,可加速良种繁殖,并有降低病毒积累量、提高品种生活力的作用。

(1)品种选择 不是任何品种都适宜用气生鳞茎繁殖。气生鳞茎仅有数粒的品种,繁殖系数难以提高。气生鳞茎数目虽多,但个体太小的品种,培养成大的分瓣蒜头需要的年限较长。一般可选择单株气生鳞茎数为20～30粒、平均单粒重在0.3克以上的品种。

(2)培育气生鳞茎 根据大田种植面积所需的蒜种数量及所用品种的空中鳞茎数和大小,建立一定面积的气生鳞茎培育圃,施足基肥。头一年在生产田中选择具有原品种典型性状的单株,采用一次混合选择法采收蒜头，从中选择一、二级蒜瓣作为培育气生鳞茎的种瓣。播期较一般生产田提早10～15天，适当稀植。

当蒜薹总苞初露出叶鞘口后，加强肥水管理，促进蒜薹生长和气生鳞茎的膨大。当蒜薹伸出叶鞘，总苞膨大后，将总苞撕破并摘除小花，使营养更多地集中到气生鳞茎中。待气生鳞茎的外皮变枯黄即已充分成熟时，带蒜头挖出。气生鳞茎的收获期一般比蒜头收获期晚10～15天。如收获过早，气生鳞茎未充分成熟，播种后出苗率低；收获过晚，地下的蒜头易散瓣，使蒜头产量和质量降低，而且气生鳞茎易脱落，不便管理。挖蒜后，将符合原品种特征及选种目标的植株选出，连蒜头捆成小捆，放在阴凉处晾干，然后将总苞剪下，贮藏在干燥、通风处。

(3)培育原原种　气生鳞茎播种后形成的蒜头，称为气生鳞茎一代，可作为原原种。一般认为，气生鳞茎一代多为独头蒜，将独头蒜播种后才产生分瓣、抽薹的蒜头，所以用气生鳞茎作繁殖材料比直接用蒜瓣作繁殖材料要多花1年的时间。

播种前将总苞内的气生鳞茎搓散脱粒，按大小分为2～3级。将独头蒜形成百分率最低、分瓣蒜形成百分率最高的大粒气生鳞茎定为一级，作为培养气生鳞茎一代的蒜种；将独头蒜形成百分率最高的小粒气生鳞茎定为二级或三级，作为生产独头蒜或进一步繁殖原种的蒜种；太小的气生鳞茎使用价值不大，可予以淘汰。

原原种培育圃要选择腾地早、土壤肥沃的地块，施足基肥，精细整地。播种期较生产田提早10～15天，以加长越冬前幼苗的生长期。行距15厘米，株距5～6厘米，开沟后点播。播种后加强田间肥水管理及中耕除草工作。冬前及早春返青后，追肥2～3次，每次施尿素15千克或三元复合肥30千克，促进幼苗生长健壮，能在当年形成较大的、有蒜薹的分瓣蒜。蒜头成熟后及时收获，晾晒后将分瓣蒜和独头蒜分别扎捆或编辫存放。

(4)培育原种　气生鳞茎一代蒜种收获后，在存放期间及播种前严格进行选优、去杂、去劣工作，将选出的种瓣按每 667 平方米 3 万～4 万株的密度播种，所生产的蒜头为气生鳞茎二代，也就是原种。如果所生产的原种数量充足，可将其中一部分用作繁殖生产用种，另一部分用于生产原种一代；如果当年生产的原种数量不足，可全部用于生产原种一代，再由原种一代生产原种二代及繁殖生产用种。一般繁殖到原种四代时，复壮效果已不太显著，所以最好每隔 2～3 年用同样方法对原种进行一次复壮。以上是指兼顾品种提纯复壮和提高繁殖系数双重目的时的气生鳞茎繁殖程序。如果栽培面积较小，而且主要是为了提高繁殖系数，可以每年划出一定面积作为气生鳞茎培育圃，便能解决蒜种自给自足问题。

气生鳞茎繁殖虽然有它的优点，但目前在生产上尚未得到广泛应用，究其原因：一是不如异地换种简便、快捷；二是留气生鳞茎的植株没有蒜薹产量，当年收入减少；三是留气生鳞茎的植株，其蒜头产量也受影响。但从品种提纯复壮及提高繁殖系数所产生的长远效益看，利用气生鳞茎仍不失为一项有效措施。

3. 脱毒苗繁殖 大蒜感染病毒病是引起种性退化的主要原因。国内主要大蒜产区病毒病严重时，发病株率几乎达到 100%。由于大蒜是无性繁殖植物，所以连年利用蒜瓣繁殖，使病毒病逐年积累并代代相传，致使种性退化，产量和品质逐年下降。

目前国内外普遍认为，将蒜瓣内幼芽的茎尖分生组织切取 0.1～0.2 毫米，经植物组织培养获得的脱毒苗，是解决大蒜品种退化、提高大蒜产量和质量的有效途径。我国从 20 世纪 80 年代初即开始研究大蒜的脱毒技术，取得了一些进展，目前已基本解决了实验室大蒜茎尖培养脱毒苗、温室繁育脱毒母种、网室扩大繁育脱毒原种及种子田繁育生产用种的一系列技术措施。

(1)脱毒苗培养

①打破休眠 将刚采收的新鲜鳞茎置于 5℃～10℃下 25～30 天，以打破休眠，便于及早进行茎尖培养。

②预脱毒 将打破休眠后的鳞茎置于36℃～38℃下30天左右，使病毒钝化，可提高脱毒率，产生较多的健康苗。

③表面消毒 将蒜瓣皮剥掉后，放入2%次氯酸钠溶液中消毒15分钟，用无菌水冲洗数次，再投入75%酒精中浸泡20秒钟，取出后在酒精灯上烧一下，在超净工作台内的解剖镜下，切取长0.5～1毫米的茎尖。

④诱导生芽 培养基用B_5+6-苄基氨基嘌呤3毫克/升+萘乙酸0.1毫克/升配制而成，分装在若干个三角瓶内，在121℃温度下，高压灭菌15～20分钟，冷却后备用。将切下的茎尖立即接种到培养基上，密封瓶口后，置光照培养箱或组培室内的培养架上。培养条件为：日光灯人工光源2500～3000勒16小时，暗期8小时，温度23℃～25℃。

⑤诱导生根 当幼苗长到2～3厘米高时，转接到B5+萘乙酸0.053毫克/升的诱导生根培养基上，在同样的培养条件下培养，使幼苗基部生根。

⑥移栽试管苗，繁育脱毒原原种 将生根的脱毒苗移栽到装有以蛭石为基质的塑料钵中，放在温室中培养。移栽初期浇灌浓度为30%的B_5溶液，成活后适当补充氮肥和钾肥。初移栽时，由于幼苗柔嫩而且根系少，温室内的温度应控制在10℃～15℃，并在苗上部加盖塑料薄膜保湿，以减少水分蒸发，防止幼苗萎蔫。幼苗成活后揭掉薄膜，温度逐步升高到25℃左右，促进幼苗生长。脱毒苗经检测后，淘汰未脱毒株，对已脱毒株还要进一步作特征特性方面的观察记载。幼苗生长到一定程度后，基部膨大形成小鳞茎，小鳞茎成熟后，地上部干枯，可收获贮藏，这就是脱毒原原种，又称当代或零代鳞茎。

⑦网室扩大繁殖脱毒一代及二代原种 蚜虫是病毒传播的主要媒介，为了防止脱毒原原种重新感染病毒，脱毒一代及二代原种的繁殖工作都要在网室中进行。网室内的土壤事先要消毒。脱毒

效果的检测工作仍要继续进行。

⑧种子田扩大繁殖生产种　脱毒一代及二代原种的数量仍有限，再扩大繁殖时必须在田间进行，以生产出大量的生产种，才能应用到大田生产中。由于在种子田里繁殖的生产种，仍会因蚜虫传毒而再度受到感染，使生产种的增产效果只能保持3～4年，所以在种子田里繁殖1～2代后要尽快用到大田生产中。

上述茎尖脱毒、病毒的检测、脱毒原原种的室内快速繁殖、脱毒原种的扩大繁殖乃至种子田生产种的扩大繁殖，需要较先进的仪器设备和成熟的配套技术，目前在农村尚难以推广。因此，一些主要大蒜产区如能建立脱毒蒜种产销机构，蒜农便可直接购买生产种用于大田生产。

(2)应用脱毒蒜种应注意的问题　脱毒大蒜的生产种用于大田生产后，由于蚜虫的传毒而再度感染的情况仍然严重，所以须注意以下几点：①侵染我国大蒜的病毒有很多种，其中最主要的是大蒜花叶病毒(GMV)和洋葱黄矮病毒(OYDV)，因此在脱毒大蒜田周围不能种植洋葱等葱属作物，以免交叉感染。②田间采用物理方法诱蚜、避蚜及喷农药灭蚜，消灭传毒媒介。③购买脱毒生产种时，最好选购增产效果较显著的一代生产种。④脱毒生产种用于大田生产后，由于再度感染病毒病，增产效果会逐年下降，所以需要更新。一般每3年更新1次，重新购进一代或二代生产种。⑤增施有机肥和磷、钾肥，适当控制速效性氮肥的施用。由于脱毒生产种的生长势强，植株高大，如果速效性氮肥施用过多，施用期偏晚，植株生长过旺，容易发生“二次生长”，从而降低蒜头和蒜薹的产量和质量。

(二)大蒜品种提纯复壮

在大蒜蒜薹顶部的总苞中，除了气生鳞茎外，还着生许多小花，但小花的发育大多不正常，不能结种子，或者只结少数发育不正常、无生活力的种子。生产上长期采用蒜瓣进行无性繁殖,从蒜瓣到蒜瓣,不经过授粉受精产生种子的有性世代,则不能产生生活力强的后代,因而易导致品种退化。此外,不良的气候条件和栽培技术,如高温、干旱、强光、土壤瘠薄、肥料不足、高度密植、采薹过迟、采薹后植株倒伏、选种不严等,均可引起蒜种退化。

品种退化表现在:植株生长势减弱,病毒病严重,蒜头和蒜瓣逐渐变小,产量逐年下降乃至丧失商品价值。很多大蒜产区的主栽品种,不同程度地存在着品种退化问题,从而限制了大蒜生产的进一步发展。目前解决大蒜品种退化、实现品种提纯复壮的主要途径有以下3条。

1. 异地换种　生产大蒜的名产区必定是具备某些品种生育最佳的气候、土壤、地形、地势条件及栽培技术的地区。许多大蒜产区都有每隔1～2年到名产区换种的习惯。例如,陕西省岐山县蔡家坡、山东省苍山县、四川省彭州市及金堂县、湖南省茶陵县及隆回县等,都有一些生产名优大蒜品种的地区,成为该省乃至外省的大蒜换种基地。这些换种基地的共同特点是:气候温和,地势较高,土质疏松肥沃,含腐殖质较多,排水良好。所以,大蒜换种的路线多为平原地区向丘陵低山区换种。从保持优良种性及提高经济效益考虑,在最适生产区培育原种,由次适区繁殖大田用生产种,是大蒜产区比较合理的品种提纯复壮体系。

2. 建立蒜种生产制度　生产上沿用的留种方法是从生产田收获的蒜头中选留蒜种,一般不单独设立种子田,因而不能按照种子田的要求去栽培管理。加上选种目标不够明确和稳定,致使原品种的优良特征特性得不到保持和提高。进行品种提纯复壮,必须建立完整的蒜种生产制度。它包括确立选种目标、提纯复壮繁殖原种及制定原种生产田技术措施。

(1)确立选种目标　各地都有适应本地区地理环境、气候条件并在某些方面有突出优点的名优大蒜品种,为了保持和不断提高其优良种性，以适应市场需求的变化，应根据生产目的确定本地区主栽品种和配套品种的选种目标。以生产蒜苗为主要目的的品种，其选种目标为：出苗早，苗期生长快，叶鞘粗而长，叶片宽而厚，质地柔嫩，株型直立，叶尖不干枯或轻微干枯。以生产蒜薹为主要目的的品种，其选种目标为：抽薹早而整齐，蒜薹粗而长，纤维少，质地柔嫩，味香甜，耐贮运。以生产蒜头为主要目的的品种，其选种目标为：蒜头大而圆整，蒜瓣数符合原品种特征，瓣型整齐，无夹瓣，质地致密脆嫩，含水量低，黏稠度大，蒜味浓，耐贮运。因此，严格地讲，蒜苗生产、蒜薹生产及蒜头生产都应各自设立专门的种子田，从种子田的群体中，按各自的选种目标，连年进行田间选择和室内选择。

(2)提纯复壮繁殖原种　最简单的提纯复壮方法是利用一次混合选择法(简称一次混选法)。每年按照既定目标，从种子田中严格选优，去杂去劣；将入选植株的蒜头混合在一起。播种前再将入选蒜头中的蒜瓣按大小分级，将一级蒜瓣或二级蒜瓣作为大田生产用种。为了加强提纯复壮效果，还应将第一次混选后的种瓣(混选系)与未经混选的原品种的种瓣(对照)分别播种在同一田块的不同小区内，进行比较鉴定。如果混选系形态整齐一致并具备原品种的特征特性，而且产量显著超过对照，在收获时，经选优、去杂、去劣后得到的蒜头就是该品种的原原种。如果达不到上述要求，则需要再进行一次混合选择和比较鉴定，然后用原原种生产原种。由于大蒜的繁殖系数很低，一般为6～8。用原种直接繁殖的原种数量有限，可以将原种播种后，扩大繁殖为原种一代，利用原种一代繁殖生产用种。与此同时，继续进行选优、去杂、去劣，繁殖原种二代。如此继续生产原种，直至原种出现明显退化现象时再更新原种。

(3)制定大蒜原种生产田技术措施　大蒜原种生产田的栽培管理与一般生产田相比，有以下6个方面的特殊要求：①选择地势较高、地下水位较低、土质为壤土的地段作为原种生产田。前茬最好是小麦、玉米等农作物。②播种期较生产田推迟10～15天。迟播的蒜头虽较早播者稍小，但蒜瓣数适中，瓣型较整齐，可用作种瓣的比例较高。③选择中等大小的蒜瓣作种瓣。过大的种瓣容易发生外层型二次生长；过小的种瓣生产的蒜头小，蒜瓣少，有时还会发生内层型二次生长。二者都导致种瓣数量减少，质量下降。④适当稀植。蒜头大的中、晚熟品种，行距为20～23厘米，株距为15厘米左右。蒜头小的早熟品种，行距为20厘米左右，株距为10厘米左右。原种生产田如种植过密，则蒜头变小，蒜瓣平均单重下降，小蒜瓣比例增多；可用作种瓣的蒜瓣数量减少。⑤早抽蒜薹，改进采薹技术。当蒜薹伸出叶鞘口，上部微现弯曲时，采取抽薹法抽出蒜薹，尽量不破坏叶片，使抽薹后叶片能比较长时期地保持绿色，继续为蒜头的肥大提供营养。⑥选优、去杂、去劣工作应在原种生产田中陆续分期进行。一般在幼苗期、抽薹期、蒜头收获期、贮藏期及播种前各进行1次。根据生产目的，各时期的选优标准要明确、稳定。

3. 气生鳞茎繁殖　气生鳞茎繁殖技术参见本章中大蒜的良种繁育部分内容。

三、生姜良种繁育与留种

（一）生姜良种繁育

生姜以根茎进行无性繁殖，但根茎易感染腐烂病等病菌，同时各地串换姜种很勤，品种混杂、退化较严重，很有必要进行良种提纯和繁育。生姜良种繁育宜采用母系提纯法，其主要程序是：种姜选植、单行选留、分系比较、中选优系混合留种供作原种。

1. 种姜选择　选择色泽鲜、有光泽、组织细密、无伤痕、无霉烂的种姜 2 000 块以上，选择圃单行种植。

2. 单行选留 第一年在选择圃种植的种姜，除按品种的标准性状进行选择外，主要注意抗腐烂病和耐贮藏性的选择，并做好观察记载。

选择时期分为 4 个时期：①生长盛期。选株丛大，全行生长整齐，叶青绿，无萎蔫、无卷缩的姜行 200 行以上。②生长末期。照上述标准复选 150 行以上。③收获期。选姜块肥大、姜芽无腐烂、无水渍的姜 100 行以上，入窖单藏。④出窖催芽后。按种姜选择标准决选，并注意选芽口多而完整的株行(50 行以上)的姜种入株系圃种植。

3. 行系比较 ①田间设计。各行系按顺序排列，不设重复。每行系为一小区，至少有 5 行，每隔 10 个小区设一对照(为原来的生产用种)，四周设保护行，按常规栽培技术管理。②比较与选择。以行系小区为单位，进行比较选择，观察记载和优系选择方法与单行选留同。入选优系如特优，则单独贮藏，加快繁育；如性状相似，抗病，整齐一致，则混合收贮，供作原种；若性状和抗病仍不理想，则仍需进行种姜的单行选择和行系比较，直到选出该品种的抗病优系为止。

4. 观察记载项目 分为原种田调查、性状调查、病虫害调查和窖藏观察 4 个项目。

5. 原种繁育的栽培技术 与前述栽培管理同，但栽植密度稍稀。

(二)留　种

姜是无性繁殖，长期栽培易发生退化现象。为了保证品种不退化，实现年年高产，最好选无病害、高燥、肥沃的田块设专门的留种田。生长中期多施钾肥，少施氮肥，防止植株徒长，促进根茎充实，及时去除病株，收获前半个月停止浇水。采收一般在晴天土壤较干时进行，用剪刀齐姜秸内顶芽上部剪平，不要损伤顶芽。剥去母姜，铺于室内晾数天，使其蒸发掉表面水分，不必洗涤，入室贮藏。贮藏适宜温度为10℃～15℃，空气相对湿度为90％左右。

参考文献

[1] 赵德婉. 生姜优质丰产栽培原理与技术. 北京:中国农业出版社,2002.

[2] 杨力,等主编. 大蒜、姜优质高效栽培. 济南:山东科学技术出版社,2009.

[3] 朱建华,等主编. 山东蔬菜栽培. 北京:中国农业科学技术出版社,2007.

[4] 陆帼一主编. 葱蒜类蔬菜周年生产技术. 北京:金盾出版社,2003.

[5] 苏保乐主编. 葱姜蒜出口标准与生产技术. 北京:金盾出版社,2002.

[6] 房德纯,等. 葱蒜类蔬菜病虫害诊治. 北京:中国农业出版社,2000.

[7] 吕佩珂,等. 中国蔬菜病虫原色图谱. 北京:中国农业出版社,1998.

[8] 程玉芹,等. 葱洋葱无公害高效栽培. 北京:金盾出版社,2003.

[9] 张绍文,等. 大蒜韭菜无公害高效栽培. 北京:金盾出版社,2003.

露地蔬菜施肥技术问答 15.00元
设施蔬菜施肥技术问答 13.00元
现代蔬菜灌溉技术 7.00元
蔬菜植保员培训教材（北方本） 10.00元
蔬菜植保员培训教材（南方本） 10.00元
蔬菜植保员手册 76.00元
新编蔬菜病虫害防治手册(第二版) 11.00元
蔬菜病虫害防治 15.00元
蔬菜病虫害诊断与防治技术口诀 15.00元
蔬菜病虫害诊断与防治图解口诀 14.00元
新编棚室蔬菜病虫害防治 21.00元
设施蔬菜病虫害防治技术问答 14.00元
保护地蔬菜病虫害防治 11.50元
塑料棚温室蔬菜病虫害防治(第3版) 13.00元
棚室蔬菜病虫害防治（第2版） 7.00元
露地蔬菜病虫害防治技术问答 14.00元
水生蔬菜病虫害防治 3.50元
日光温室蔬菜生理病害防治200题 9.50元
蔬菜生理病害疑症识别与防治 18.00元
蔬菜害虫生物防治 17.00元
菜田化学除草技术问答 11.00元
绿叶菜类蔬菜制种技术 5.50元
绿叶菜类蔬菜良种引种指导 10.00元
提高绿叶菜商品性栽培技术问答 11.00元
四季叶菜生产技术160题 7.00元
绿叶菜类蔬菜园艺工培训教材(南方本) 9.00元
绿叶菜类蔬菜病虫害诊断与防治原色图谱 20.50元
绿叶菜病虫害及防治原色图册 16.00元
菠菜栽培技术 4.50元
茼蒿蕹菜无公害高效栽培 6.50元
芹菜优质高产栽培（第2版） 11.00元
莲菱芡莼栽培与利用 9.00元
莲藕无公害高效栽培技术问答 11.00元
莲藕栽培与藕田套养技术 16.00元

以上图书由全国各地新华书店经销。凡向本社邮购图书或音像制品，可通过邮局汇款，在汇单“附言”栏填写所购书目，邮购图书均可享受9折优惠。购书30元（按打折后实款计算）以上的免收邮挂费，购书不足30元的按邮局资费标准收取3元挂号费，邮寄费由我社承担。邮购地址：北京市丰台区晓月中路29号，邮政编码：100072，联系人：金友，电话：(010) 83210681、83210682、83219215、83219217（传真）。